"帮你一把富起来"农业科技丛书

怎样种好Bt抗虫棉

张惠珍　王曙峰　王马的　编著

U0207961

金盾出版社

内 容 提 要

本书介绍了抗虫棉的概念和类型、转 Bt 基因抗虫棉的生长特点和营养特性，着重阐述了 Bt 抗虫棉的品种、丰产栽培技术、育苗移栽技术、地膜覆盖栽培技术及主要病虫害的防治方法等。内容丰富，叙述详实，语言通俗易懂，可操作性强，适合广大棉农和农业技术人员阅读。

图书在版编目(CIP)数据

怎样种好 Bt 抗虫棉/张惠珍等编著. —北京：金盾出版社，2000.12

("帮你一把富起来"农业科技丛书/刘国芬主编)
ISBN 978-7-5082-1371-2

Ⅰ.怎… Ⅱ.张… Ⅲ.棉花-抗虫性-栽培 Ⅳ.S562

中国版本图书馆 CIP 数据核字(2000)第 48279 号

金盾出版社出版、总发行
北京太平路 5 号(地铁万寿路站往南)
邮政编码：100036 电话：68214039 83219215
传真：68276683 网址：www.jdcbs.cn
封面印刷：北京凌奇印刷有限责任公司
正文印刷：北京天宇星印刷厂
装订：北京天宇星印刷厂
各地新华书店经销
开本：787×1092 1/32 印张：3.875 彩页：4 字数：82 千字
2010 年 2 月第 1 版第 7 次印刷
印数：28001—34000 册 定价：6.50 元

序

　　随着改革开放的深入和现代化建设的不断发展,我国农业和农村经济正在发生新的阶段性变化。要求以市场为导向,推进农业和农村经济的战略性调整,满足市场对农产品优质化、多样化的需要,全面提高农民的素质和农业生产的效益,为农民增收开辟新的途径。农村妇女占农村劳动力的60%左右,是推动农村经济发展的一支重要力量。提高农村妇女的文化科技水平,帮助她们尽快掌握先进的农业科学技术,对于加快农业结构调整的步伐,增加农村妇女的家庭收入具有重要意义。

　　根据全国妇联"巾帼科技致富工程"的总体规划,全国妇女农业科技指导中心为满足广大农村妇女求知、求富的需求,从2000年起将陆续编辑出版一套"帮你一把富起来"科普系列丛书。该丛书的特点:一是科技含量高,内容新,以近年农业部推广的新技术、新品种为主;二是可操作性强,丛书列举了大量农业生产中成功的实例,易于掌握;三是图文并茂,通俗易懂;四是领域广泛,丛书涉及种植业、养殖业、农副产品加工等许多领域,如畜禽的饲养管理技术、作物的病虫害防治、农药及农机使用技术以及农村妇幼卫生保健等。该丛书是教会农村妇女掌握实用科学技术、帮助她们富起来的有效手段,也是农村妇女的良师益友。

　　"帮你一把富起来"丛书由农业科技专家、教授及第一线的科技工作者撰稿。他们在全国妇女农业科技指导中心的组织下,为农村妇女学习农业新科技、推广应用新品种做了大量的有益工作。该丛书是他们献给广大农村妇女的又一成果。我相信,广大农村妇女在农业科技人员的帮助下,通过学习掌握农业新技术,一定会走上致富之路。

沈淑济

2000年10月

沈淑济同志任全国妇联副主席、书记处书记

目　　录

第一章 抗虫棉概述

棉花害虫是影响棉花生产的重要因素。据统计,因棉花害虫的猖獗发生,全世界每年可造成 60 亿元以上的经济损失。尤其是进入 20 世纪 90 年代以来,棉铃虫在世界各产棉国普遍发生,在中国、美国、澳大利亚、以色列、泰国等产棉国连续严重发生,给棉花生产造成了严重危害。

用化学农药防治棉铃虫,不仅成本高,还造成严重的环境污染,而且由于长期使用有毒化学农药,导致棉铃虫普遍对化学农药产生了不同程度的抗药性,给防治带来很大的困难。使得田间农药使用次数越来越多,浓度越来越高,而防治效果却越来越低,既增加了棉农的劳动强度,又加大了防治成本,棉农中毒事故也屡屡发生。这些问题给棉农造成了严重的经济负担和精神压力。使得广大棉农产生了恐虫心理和冷棉情绪,全国植棉面积曾一度大幅度下降。世界各产棉国都存在同样的问题。澳大利亚 1984 年报道,在昆士兰州主产棉区绿宝石地区,1982~1983 年 1 月,用菊酯类农药防治棉铃虫失效,后经生物测定表明,该区棉铃虫对氯氰菊酯、溴氰菊酯、氰戊菊酯等菊酯类农药的抗性增加了 10~30 倍,最高的达到 150 多倍,从而导致了在棉花、大豆上防治棉铃虫的失效,产量损失达10%~15%。美国从 1978 年开始用菊酯类农药防治棉铃虫,也于 1984 年首次报道烟芽夜蛾和美洲棉铃虫对菊酯类农药产生抗性,田间防治失败。泰国也由于棉铃虫对菊酯类农药的抗性居高不下,防治无效,加上棉花价格低等原因,造成棉花种植面积大幅度下降,棉花种植业损失惨重。

培育和推广转 Bt 基因抗虫棉,提高棉花本身的抗虫性,是一项经济、有效、对环境无污染的重要技术措施。美国孟山都公司和岱字棉公司合作,利用现代高科技手段和生物基因工程技术,于 1987 年首先将苏云金杆菌杀虫蛋白基因(Bt)导入棉花植株,培育出转 Bt 基因保铃抗虫棉,经多国试验、示范种植,田间抗棉铃虫性能表现良好。1996 年在美国进入商业化应用阶段,当年种植面积就达到了棉花种植总面积的10%。1995 年,河北省引进少量美国转 Bt 基因保铃抗虫棉种子,在故城、肥乡两县试种,取得良好的效果。后经过 1996,1997 年两年的多点试验、示范,从美国保铃抗虫棉中筛选出了适合河北省棉区种植的"新棉 33B"转 Bt 基因抗虫棉。

我国继美国培育出转 Bt 基因抗虫棉品种之后,于 1991年在中国农业科学院生物技术中心科研人员郭三堆先生等的潜心研究下,成功地将修饰后的苏云金芽孢杆菌(Bt)杀虫晶体蛋白基因导入棉花,获得了无抗虫性的工程植株;其后,按照 Bt 杀虫蛋白活性中心和植物偏爱密码子的原则,人工全序合成了 Bt 杀虫蛋白基因,并于 1993 年成功地转育到我国大田推广的常规棉花品种上,获得了高抗棉铃虫的转 Bt 基因抗虫棉花植株,并筛选、培育出了具有高效表达作用的转 Bt 基因抗虫棉品系。山东省梁山县在国家科委、农业部、中国农业科学院、江苏省农业科学院等领导和专家的支持下,经过三年的研究和实践,现已选育出抗虫性强、遗传性稳定的高产优质转 Bt 基因抗虫棉新品系 GK-12。中国农科院棉花研究所也选育出中棉所抗虫棉系列品种,推广后均取得较好效果。

第一节 抗虫棉的概念和类型

一、什么是抗虫棉？

抗虫棉是对为害棉花正常生长发育的有害昆虫，具有抵抗能力和控制作用的棉花品种的总称。用通俗的话说，就是指那些在棉花生长期间不生虫或者少生虫的棉花品种。但抗虫棉绝不等于无虫棉。因为棉花全生育期（即从种到收）要受到很多种害虫的危害，如棉花苗期有苗蚜、红蜘蛛、棉蓟马、地老虎、黑绒金龟甲（也叫黑老道）等害虫的危害。现蕾后即开始受二、三、四代棉铃虫，棉花伏蚜，红蜘蛛，象鼻虫，造桥虫，玉米螟等多种害虫的危害。棉铃虫是对棉花为害最重，为害时间最长，最难防治的主要害虫。现在所说的抗虫棉，主要是指对棉铃虫具有抵抗能力和控制作用的棉花品种。

二、抗虫棉有哪几种类型？

科学家们根据不同的棉花品种对害虫的抗性反应和方式，把抗虫棉分成四个大类型。

（一）不选择型抗虫棉

不选择型抗虫棉（也叫形态型抗虫棉）的意思，就是说棉花害虫不喜欢这种类型的棉花品种，它们不愿意到这些棉花植株上去产卵、繁殖。

不选择型抗虫棉中又分为无茸毛型、无蜜腺型和叶片窄小的鸡爪型抗虫棉三种（图1-1）。

研究结果表明：棉铃虫对植株表面没有茸毛、没有花外蜜腺、叶片窄小和窄卷苞叶的棉株有明显的拒绝产卵效应。棉铃

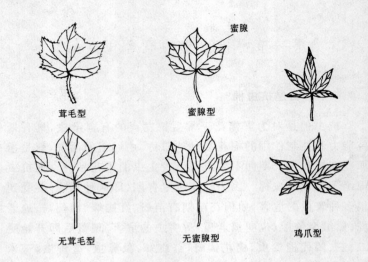

茸毛型　　　　　　　蜜腺　　蜜腺型

无茸毛型　　　　　　无蜜腺型　　　　　鸡爪型

图 1-1　不选择型抗虫棉

虫根本就不到这些棉株上去产卵,所以这些棉花品种就不会遭受棉铃虫的危害。

　　那么,为什么棉铃虫不喜欢在这些棉花植株上产卵为害呢?棉株上的茸毛都长在哪些部位?如何去查看哪些棉株有茸毛,哪些棉株没有茸毛呢?如果你是一位细心的人,仔细观察一下棉株,你就会发现,在棉株的茎(即棉秆)、叶和蕾上都可长茸毛。但在不同品种的棉花上,茸毛的长短、多少差别很大。棉叶上的茸毛主要生长在叶脉(即叶筋)上(图 1-2),在茸毛多的棉叶上,棉铃虫产的卵有茸毛的支撑,遇到刮风下雨的天气不容易脱落,而在茸毛少或没有茸毛的棉叶上,由于叶片光滑,棉铃虫卵很容易被风、雨吹落。所以,茸毛越少的棉花品种,对棉铃虫的抗性越强。

　　另外,棉叶有没有花外蜜腺,也是影响棉花品种抗不抗棉铃虫的重要原因。棉花的花外蜜腺主要生长在叶片背面的主

脉中部、花蕾底部的花托上和
苞叶内外,为椭圆形小坑状(图
1-3)。因为花外蜜腺能分泌出
一种带甜味的蜜汁,从而招引
棉铃虫的蛾子去吸食蜜汁补充
营养,棉铃虫蛾子就会在取食
蜜汁的同时,就近产卵。而且,
取食蜜汁后的蛾子因其营养充
足,产卵量多,卵粒个大、饱满、
孵化率高。因此,有花外蜜腺的

图 1-2　叶脉图

棉花植株上棉铃虫落卵量多,
棉铃虫为害重。而没有花外蜜腺的棉花植株上棉铃虫的落卵
量少,棉铃虫为害也相对较轻。

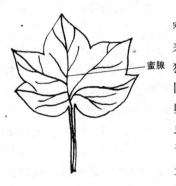

蜜腺

图 1-3　叶片蜜腺图

还有一种棉花品种的叶片
窄小,叶边缘缺刻大,叶片看起
来像鸡爪一样。有的苞叶扭曲、
狭窄,把棉桃暴露在外,棉铃虫
同样不喜欢在这些棉株上产
卵。所以,这些棉花品种对棉铃
虫也具有良好的抗性。但是,由
于这些棉花品种的叶片窄小,
光合作用能力差,制造的光合
产物少,往往产量较低,丰产性
能不好。所以,尽管其抗虫性较
好,但在生产中推广不开,需要同产量高、品质好的品种进行
杂交,争取优势互补,选出既抗虫又丰产的品种,才能被广大
棉农所接受。

（二）耐虫性抗虫棉

耐虫性抗虫棉是指那些对棉铃虫的危害有较强的忍耐力和补偿能力的棉花品种。这些棉花品种在同样遭受棉铃虫为害的情况下，因其生活能力较强，在被害蕾铃脱落后，能迅速长出新的幼蕾，使前期的损失能在后期的生长发育中补偿回来，产量损失较小，有的甚至不减产。例如：一般耐虫性较差的棉花品种在现蕾以前顶尖部位对棉铃虫的为害特别敏感，1～2龄的低龄幼虫钻进顶尖为害生长点后，就会形成"无头棉"（即棉农常说的'公棉花'）而造成严重减产。而那些耐虫性强的棉花品种的茎尖生长较快，在棉铃虫取食顶心旁边的幼芽时，棉花顶尖已经长出来了，棉花茎尖生长没有受到危害，就不会形成"无头棉"而影响产量。

（三）生理性抗虫棉

生理性抗虫棉是指棉株本身含有能抑制棉铃虫的生长发育或使棉铃虫拒绝取食的生理代谢物质而表现出来的抗虫性。现在已经研究发现：棉株本身能对棉铃虫产生抗性的生理代谢物质主要有棉酚和单宁。棉酚是棉株内的一种有毒物质，主要分布在棉花叶片、茎、花、蕾表层的深褐色油点（色素腺）内，油点多的棉酚含量高，棉铃虫取食后会抑制胃内消化酶的活性，造成消化不良而拒绝取食。试验结果证明，用棉酚含量高的棉花品种的嫩叶饲喂的棉铃虫幼虫，长得很慢，而用棉酚含量低的棉花品种的嫩叶饲喂的棉铃虫幼虫则长得很快。分别饲喂半个月后，低棉酚棉株饲喂的棉铃虫幼虫的体重是高棉酚棉株饲喂的棉铃虫幼虫体重的3～5倍。当棉蕾中棉酚的含量超过1.2%时，可使50%的棉铃虫幼虫很快死亡，当棉酚含量达到0.4%时，可使幼虫在6龄以前死亡。

单宁和棉酚不同，单宁分散在棉株的组织中，但在棉花苞叶、花萼和花瓣中的含量最高,嫩叶和铃皮含量较少,铃心、子房和花粉中含量最低。但单宁和棉酚一样可以引起棉铃虫幼虫的拒食和生长发育不良。试验证明,对棉铃虫抗性较好的棉花品种,受到棉铃虫危害后,棉株体内的单宁含量显著增加。而对棉铃虫抗性较差的棉花品种,受到棉铃虫危害后,棉株体内的单宁含量增加不明显。而且单宁含量高的棉花品种对棉蚜和棉花黄萎病的抗性也相对增强。

(四)转 Bt 基因抗虫棉

转 Bt 基因抗虫棉(简称 Bt 抗虫棉)是利用现代高科技手段和农业生物基因工程技术,把一种叫做苏云金杆菌的微生物所产生的 Bt 杀虫蛋白基因,经过人工改造后转入到棉花植株内,并将它成功地整合到棉花细胞的基因中去,从而使这种转基因棉花含有了能杀死棉铃虫的苏云金杆菌(Bt)的杀虫蛋白基因。这种转入到棉花组织中的 Bt 杀虫蛋白基因能够表达、控制、合成一种叫 θ-内毒素的伴胞晶体,使棉株随着自身的生长,就能产生一种有毒的物质——内源毒素,使棉株本身具有了杀死棉铃虫幼虫的能力。

第二节 Bt 抗虫棉

一、Bt 抗虫棉为什么能杀虫?

因为转 Bt 基因抗虫棉内所转入的 Bt 杀虫蛋白基因,是一种叫做苏云金杆菌所具有的一种杀虫蛋白基因。苏云金杆菌是一种细菌,也是当前研究最多、用量最大的杀虫微生物。这种细菌是鳞翅目幼虫天然的病原菌,可以产生一种叫 θ-内毒素的伴胞晶体,这种晶体蛋白会结合在鳞翅目幼虫的消化道细胞上,引起细胞通透性改变,从而使细胞裂解,导致幼虫死亡。所以,当棉铃虫的幼虫在转 Bt 基因棉株上发生为害,取食了这种含有 θ-内毒素的叶片后,在害虫肠道内的碱性条件下生成一种毒性物质叫做肽,它对虫子的肠道上皮细胞具有特强的裂解作用。致使幼虫中毒,中毒后的棉铃虫幼虫虽不会马上死去,但已经得了严重的糜烂性肠道疾病,就不会再进行取食危害。经过 2～3 天后,幼虫便会死亡。

鳞翅目幼虫食入苏云金杆菌毒素后的一般症状是:开始没有显著变化,只能见到幼虫有不安的表现,随后食欲减退,下痢,有些幼虫呕吐出水。幼虫临死时虫体伸展,死后不久虫体变黑呈腐烂状。

二、Bt 抗虫棉有哪些优势?

(一)表现出抗棉铃虫的优势

在种子质量保证的情况下,二代、四代棉铃虫发生期间,基本不用喷药防治。在三代棉铃虫发生期间,因棉蕾和花的抗虫性较低,需酌情喷药防治 1～2 遍。

(二)能提高棉田的自然控害能力

转入到棉株里的 Bt 杀虫蛋白基因只能杀死棉铃虫、烟青虫和棉红铃虫等鳞翅目害虫,对其他昆虫和天敌均无杀伤作用。同时,由于田间用药少,棉田内害虫的天敌,如瓢虫、草蛉、捕食性蜘蛛等数量增加,提高了棉田内天敌的自然控害能力。

(三)可提高棉花产量

据田间试验示范,转 Bt 基因抗虫棉新棉 33B 的每公顷产量比常规普通棉增产皮棉 225 千克。按现行的棉花收购价每千克皮棉 14 元计算,减去购买价格较高的转 Bt 基因抗虫棉种子所增加的费用,加上减少防治棉铃虫所需的费用,每种 1

公顷转 Bt 基因抗虫棉比种 1 公顷普通的常规棉可增加利润 3 000~4 500 元。

（四）能改善农田的生态环境

减少了棉田农药的使用次数和数量，减轻了农田的环境污染程度，减少了棉农的田间劳动强度，避免了人畜中毒事故。改善了农田的生态环境，也提高了人类生存环境的质量。

三、Bt 抗虫棉在栽培管理上有什么优点？

（一）农药用量和次数锐减

Bt 抗虫棉对棉铃虫、棉大卷叶螟等鳞翅目害虫具有高抗性，能减少 50％以上的农药用量和喷药次数。

（二）田间管理简便

Bt 棉植株疯杈、赘芽少，有利于田间整枝打杈管理。田间试验、示范证明，由于转 Bt 基因抗虫棉结铃早，固铃性能强，棉株内的无效营养消耗少，所以棉株生长过程中的疯杈（油条）和赘芽相对就少，棉农不用整天在地里忙于整枝打杈。

（三）种植密度要求不严

Bt 棉新棉 33B 的株型紧凑，适应性强，可密植也可稀植。

四、Bt 抗虫棉为什么苗期长势偏弱？

壮苗早发是棉花丰产的基础，但目前推广的 Bt 棉新棉 33B 与常规棉品种相比，表现出苗期植株矮小，节间短，叶片小等特点，长势偏弱，长相难看。为此，专家们正在潜心研究导致 Bt 棉苗株小苗弱的原因以及改进的办法。据中国农科院棉花研究所的专家们研究分析，转 Bt 基因抗虫棉子叶中吲哚乙酸（IAA）和脱落酸（ABA）这两种激素的表达水平低，棉苗顶芽中吲哚乙酸的含量偏低，这是造成棉苗长势偏弱的内在因素,他们正在着手研究解决的对策。

五、Bt 抗虫棉为什么不抗棉蚜、红蜘蛛和美洲斑潜蝇等害虫?

因为 Bt 内毒素的杀虫目标主要是棉铃虫、红铃虫和棉大卷叶螟等鳞翅目害虫,而棉蚜、红蜘蛛、美洲斑潜蝇等都不属于鳞翅目,遗传基础不同,所以 Bt 棉不抗这些害虫。而且试验结果表明,随着 Bt 棉田对防治棉铃虫用药时间的推迟和用药次数的减少,对棉蚜、红蜘蛛、美洲斑潜蝇等害虫的兼治效果下降,因此,棉蚜、红蜘蛛和美洲斑潜蝇等将成为 Bt 棉田的主要测报防治对象。

六、Bt 抗虫棉棉田为什么不宜间作其他作物?

Bt 棉对低龄期棉铃虫幼虫的杀伤作用和抵抗能力比较强,而对大龄棉铃虫幼虫的抵抗能力并不太强,而棉铃虫又是一种什么作物都吃的杂食性害虫,如果在 Bt 棉田间作其他作物,等于又给棉铃虫提供了安全食物和繁殖场所,这些在间作作物上繁衍的大龄幼虫就会转移到 Bt 棉株上进行危害。

七、Bt 抗虫棉为什么不宜自己繁殖留种?

(一)自留种杂株率高,抗虫性下降

棉花为常异花授粉作物,即易与其他棉花的花粉授粉。其天然杂交率为 2%~12%。要保证棉种的纯度,繁种时就要在一定的范围和距离内建立屏障或隔离带,防止其他棉花品种的花粉粒落在繁种田内的 Bt 棉花蕊上,造成混杂。集体繁种,可以在行政干预下选择或建造繁种所需要的屏障或隔离带,有组织地在一定的范围内统一种植所要繁殖的品种。而单个农户就没有权力和理由要求你四周的地邻或更远的农户必须种植你想繁殖的某一个品种,因而繁殖下来的转 Bt 基因抗虫棉品种杂交率高,纯度低,棉铃虫的幼虫就可以在这些不含Bt 基因的杂株上存活为害。由于棉铃虫有迁移为害的习性,还会进一步转移到周围的其他棉株上为害。而 Bt 棉则只能杀死 3 龄以下的棉铃虫幼虫,因此当大龄幼虫转移到 Bt 棉株上时,Bt 棉株也同样会受到棉铃虫的危害。

（二）种子质量差,Bt 基因含量下降

田间的生物混杂和收获贮藏时的人为混杂,都会导致棉种的纯度或 Bt 基因含量下降。另外随着棉花种植代数的增加,Bt 棉的抗虫性也会降低甚至丢失,所以抗虫性也就较差。例如 1997 年河北邯郸县某乡村有许多农户引进种植了 Bt 棉新棉 33B,当年确实表现出具有抗棉铃虫性能好,结铃早,棉株疯权少,整枝打权简便等许多优点。于是就在自己的 Bt 棉田内选留种子。翌年,凡是种自留种的 Bt 棉田,杂株率低的在15%～20%,杂株率高的地块达 30%左右。对二代棉铃虫的抗性表现就很差,仍需要一遍又一遍地喷药防治。而购买的精选包衣种子,就相对要好得多。在二代棉铃虫发生期间基本上不用喷药防治棉铃虫。但是到了第三、四代棉铃虫发生期,购买精选包衣种子的 Bt 棉田也出现了不少的棉铃虫幼虫。笔者于 1998 年 8 月 17 日在 867 平方米 Bt 抗虫棉田内捉到 5～6龄的棉铃虫幼虫 32 头。这和 Bt 抗虫棉对三、四代棉铃虫的抗性减弱的特点是吻合的。所以,即便种的是购买的纯度较高的转 Bt 基因抗虫棉品种,在三、四代棉铃虫发生期间,也不能掉以轻心,仍要注意监测虫情发生动态,适时进行喷药防治或进行人工捉虫,以防造成危害。

八、种 Bt 抗虫棉要注意哪些问题？

（一）存在着棉铃虫对 Bt 棉产生抗性的潜在危险

害虫对杀虫剂产生抗药性是生物体长期适应环境，为生存和繁殖后代的本能表现。棉铃虫也不例外，自从广泛应用化学杀虫剂以来，棉铃虫已先后对 DDT，有机磷类、菊酯类农药和其他杀虫剂产生了抗性。如 20 世纪 50～90 年代，先使用有机氯杀虫剂 DDT 防治棉铃虫，60 年代后期开始产生抗性，导致 70 年代初棉铃虫大发生，后改用有机磷农药防治，问题得以缓解。70 年代后期棉铃虫对有机磷杀虫剂的抗性又表现出来，不得已又改用了新一代菊酯类杀虫剂，曾起到"一扫光"的作用，把棉铃虫对有机磷农药的高抗群体迅速控制下去。到 80 年代末期，棉铃虫对菊酯类农药也产生了抗性，而且上升速度高达 108 倍，1993 年增长到 312～398 倍，导致了 90 年代棉铃虫在我国大面积暴发成灾。随着棉铃虫对菊酯类杀虫剂抗性的迅速发展，微生物杀虫 Bt 制剂在抗性棉铃虫的综合治理中越来越受到重视，并发挥了重要作用。随着转 Bt 基因抗虫棉的问世和大面积推广应用，Bt 杀虫蛋白基因在棉铃虫防治中将进入一个广泛普及应用的时代。与化学杀虫剂相比，虽然棉铃虫对 Bt 杀虫剂产生抗性的速度缓慢，但近年来害虫对 Bt 制剂产生抗药性的报道却逐年增多。1995 年中国农科院植保所的试验结果表明：随着棉田 Bt 杀虫剂用量的增加，棉铃虫田间种群对 Bt 杀虫剂的敏感性已出现了明显的差异。而且，目前国内外研究成功的转 Bt 杀虫蛋白基因抗虫棉中，所表达的 Bt 杀虫蛋白基因为经过人工改造的 CryIA(b) 或 CryIA(c) 型，是我国目前防治棉铃虫所应用的 Bt 杀虫剂的主要内毒素类型。这就是说转 Bt 基因抗虫棉的杀虫机理和作用点与 Bt 杀虫剂是相似的。如果长期种植转 Bt 基因抗虫棉，棉铃虫也会对其产生抗性。目前，科学家运用选择压力数学模式已预测到，在转 Bt 基因抗虫植株选择压力条件下，昆虫将会产生抗性。因此，采用科学合理的方法种植转 Bt 基因抗虫棉，是延长转 Bt 基因抗虫棉使用寿命的重要课题。

（二）棉铃虫的防治方法要改变

Bt 抗虫棉田棉铃虫种群消长规律及特点发生了改变，防治方法也要随之改变。

（三）非靶标害虫可能成为主要害虫

棉蚜、棉蓟马、棉红蜘蛛和美洲斑潜蝇等非靶标害虫将上升为主要害虫。

九、种植 Bt 抗虫棉有哪些主要技术措施？

（一）药剂拌种或种子包衣处理

Bt 抗虫棉的主要杀虫目标是鳞翅目幼虫，如棉铃虫、红铃虫、玉米螟等害虫。对棉蚜、红蜘蛛、棉蓟马等非靶标害虫并没有抵抗能力，而苗蚜、蓟马等害虫多发生在苗期。如果在棉花播种前用呋喃丹或棉花种衣剂拌种，就能有效地控制棉花苗蚜和棉蓟马等苗期害虫的危害。

另外，Bt 抗虫棉具有苗期长势弱的特点，若苗期再遇到低温多雨的连阴雨天气，往往加重苗病的发生。所以播种前用棉花种衣剂或呋喃丹加多菌灵（或其他杀菌剂）混合拌种，能有效地提高棉花苗期的抗病性，减轻苗期的病虫危害程度，保证棉苗健康生长。

（二）采用地膜覆盖

Bt 抗虫棉新棉 33B 的种子子粒较小，种皮薄（浸种时间不宜过长，一般以 12 小时为宜），播种深了容易烂根，造成缺苗断垄。播种浅了则容易造成干籽，不发芽，导致出苗不齐。若使用地膜覆盖，可进行浅播，促使棉苗早出土不至于干籽，保证苗齐苗壮。

（三）早施重施花铃肥

Bt 抗虫棉普遍具有结铃早而集中的特点，一般比常规棉开花、结铃早 15 天左右，因此在施足基肥的基础上，早施重施花铃肥，后期叶面喷施有机肥或磷钾肥，以防早衰。

（四）加强对非靶标害虫的监测和防治

据对 Bt 抗虫棉田主要害虫种群消长规律的研究结果表明，随着 Bt 抗虫棉田用药时间的推迟和用药次数的减少，棉花苗蚜、伏蚜、棉蓟马、红蜘蛛和美洲斑潜蝇等非靶标害虫将加重为害，成为 Bt 抗虫棉田的主要测报和防治对象。其发生为害时间，在冀中南棉区大致为：5 月下旬～6 月上旬为棉花苗蚜、棉蓟马和红蜘蛛发生为害期；6 月中下旬～7 月上中旬为美洲斑潜蝇发生为害期；7 月中下旬～8 月中下旬为棉花伏蚜、红蜘蛛和三代棉铃虫混合发生为害期。但由于受气候条件、地理位置、农作物品种布局及农田主要昆虫种类等多种因素的影响，其主要害虫种类及其为害时期有所差异。所以要加强对本地区转 Bt 基因抗虫棉田主要害虫种群及其消长动态的监测，做到及时发现，适时防治，以免造成损失。

（五）提高对棉花病虫害的综合防治意识和综防技术水平

由于 Bt 抗虫棉株体内的杀虫蛋白是一种生物杀虫基因，只对鳞翅目的棉铃虫、红铃虫、棉大卷叶螟等害虫具有较高的杀伤作用，而对瓢虫、草蛉、食虫蝽以及其他捕食性蜘蛛等棉田害虫的天敌无伤害，故田间天敌种群数量明显增加。对棉蚜、红蜘蛛以及少量的棉铃虫残虫等害虫的自然控制能力加强。一般情况下,Bt 抗虫棉田内的少量害虫作为天敌的食物被天敌取食,用不着喷施药剂防治。只有当害虫密度大大超过天敌的取食量,天敌控制不住害虫的发生蔓延时,才需要进行喷药防治。但是,在使用药剂时也一定要注意选择用药,尽量使用那些对天敌无伤害的高效低毒化学药剂或使用其他生物杀虫剂,用抑太保、灭幼脲等防治三、四代棉铃虫,防治棉蚜、红蜘蛛、美洲斑潜蝇等害虫可选用绿保素、虫螨克等杀虫剂。力求保护棉田害虫的天敌,以提高天敌的自然控害能力。

十、Bt 抗虫棉对人体有没有毒害?

1998 年在冀南棉区大面积推广种植的 Bt 抗虫棉新棉 33B,取得了每公顷产籽棉 4 500～5 000 千克的好收成。而且 80%～90%都是棉絮洁白的霜前花。但是面对着这些丰产丰收后洁白优质的棉花,许多棉农产生了新的疑虑和不安,认为这种抗虫棉能把抗药性那么强的棉铃虫都给毒死,这种棉花产出的皮棉和棉籽对人体也一定有毒,所以有很多人不敢用抗虫棉的皮棉做棉衣和棉被用,不敢吃用 Bt 抗虫棉棉籽榨出的油。那么,Bt 抗虫棉的产品对人体究竟有没有毒呢?美国环保署测试的结论是“不会给人类带来任何危险”。1997 年经中国预防医学科学院测试,新棉 33B 抗虫棉棉籽和棉籽油与河北省目前生产上大面积推广应用的石远 321 品种(非转 Bt 基因抗虫棉)所有检测项目的结果没有差异。经河北省卫生防疫站测定,用新棉 33B 棉籽及棉籽油做动物喂养的慢毒、急毒试验,证明无害。所以 Bt 抗虫棉的棉籽油对人畜是安全的。

抗虫棉所含的 Bt 基因是经过人工改造的苏云金杆菌杀虫蛋白基因,关于苏云金杆菌的安全性已进行了大量而细致的试验,结果都表明苏云金杆菌对脊椎动物是安全的。在美国,苏云金杆菌的商品制剂已许可在 220 多种农作物上应用。进一步说明用 Bt 抗虫棉的皮棉和棉籽生产的织物和油脂对人体是安全无毒的。

第二章　Bt 抗虫棉的生长特性和营养特点

第一节　抗虫棉的生长特性

一、抗虫棉的生长发育分哪几个时期？

抗虫棉的生长发育和普通棉花一样，都是从种子萌发开始，通过根、茎、叶等营养器官的生长，带动花芽分化、现蕾、开花、结铃、吐絮等生殖器官的生长发育，到种子最后成熟，完成一个生长周期而结束。通常情况下，在生产上按照各器官形成的先后，划分为五个生育时期。即从播种到出苗为出苗期，一般经历 10～15 天；从出苗到现蕾为苗期，一般经历 40 天左右；从现蕾到开花为蕾期，一般经历 30 天左右；从开花到吐絮为开花结铃期，一般经历 60 天左右；从开始吐絮到吐絮完毕为吐絮期，历时 30～70 天不等。在生产上一般把棉花从出苗到吐絮所需的天数叫做棉花的生育期，把从出苗到吐絮完毕所需的天数叫做棉花的生长期。生育期和生长期的长短，与各地区所选用品种的特性、气候条件和栽培管理措施有很大关系。在我国黄河流域棉区，中熟抗虫棉品种的生育期为 130～140 天，生长期为 170 天左右。早熟抗虫棉的生育期为 110～120 天，生长期为 150 天左右。

二、抗虫棉根、茎、叶的生长有什么特点？

抗虫棉根、茎、叶的生长过程与普通棉花有着相同或相近的特点。

（一）根及其生长特点

棉籽萌发时，棉籽中的胚根最先伸出，向下生长成为主根，从主根上分生一级侧根，又从一级侧根上分生二级侧根，在适宜条件下，可继续分生三级、四级乃至五级侧根。主根、各级侧根及根尖附近的大量根毛构成棉花的根系，整个根系呈倒圆锥形，称为直根系（图2-1）。

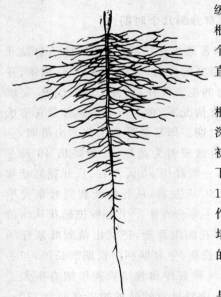

棉花是深根作物，主根上粗下细，垂直向下，最深可达2米左右。侧根起初呈水平方向发展，后向下逐渐伸长，主要分布在10～15厘米土层中。以耕作层最为发达，因此，在栽培上要注意创造一个良好的根系发育条件。

棉花根系的主要功能是从土壤中吸取水分和矿质养分，并能够起到固定

图2-1 棉花的根系

棉株的作用。同时，它还能合成一些营养物质和临时贮藏一些矿质养分。棉花根系的吸收功能主要依靠根毛和幼嫩根段的表皮细胞，老根则主要起运输作用。根据研究人员测定，每生

产 100 千克皮棉要依靠根系从土壤中吸收 30 万～40 万升水和 30～40 千克的矿质元素,由此可见根系的负担之重和功能的重要性。因此,在生产上,棉花根系生长的好坏和土壤、水分、温度以及土壤性质等密切相关。土壤板结,耕作层过浅,水分过多或过少,养分不足,土壤温度过低等因素,都不利于根系的生长和发育。为了使棉花根系发达,我们在进行栽培管理时,要注意通过棉田深耕,造好底墒,施足底肥,适当中耕松土等措施,保持土壤疏松,通气透水性良好。给根系的生长发育创造一个良好的环境,才能使根系充分发挥它的作用。

(二) 茎、枝、叶的生长特点

棉籽萌发出苗后,随着根系的发育,胚芽的生长锥经过增殖、分化和生长,逐步形成主茎,又在主茎的节上产生了侧生的器官——叶和腋芽。再由腋芽形成果枝和叶枝。

棉花的主茎圆形直立,可无限生长,横向也能加粗生长。节间的分化和形成,苗期较慢,现蕾后加快,3 天左右可形成一节。节间伸长持续的时间为 9～15 天。主茎顶端经常有 3～5 个节间同时延伸,约每隔 3 天有一个节间长度固定,同时又长出一个新的节间,正在生长的节间为绿色,长度固定后,逐渐变成红色或紫红色。主茎生长停止后的高度称为棉花的株高。抗虫棉的株高一般在 70～110 厘米。

棉花的分枝有两种,即通常所说的叶枝(图 2-2)和果枝(图 2-3)。叶枝又叫营养枝,果枝上能直接长出花蕾,叶枝则不能直接着生花蕾,只有等上面长出果枝后,再在果枝上长出花蕾。根据果枝节间的长短,可确定棉花的株型为紧凑型或松散型,果枝节间的长度在 3～10 厘米,果节短,棉铃排列很密,属紧凑型株型。果枝节间长度在 10 厘米以上,棉铃排列稀疏,则属松散型株型。果枝着生的部位,因品种的不同而有差异。

有些早熟品种在主茎第二、三节上就生长出果枝,一般在第六、七节上长果枝,而有些品种则在第八节上才长出果枝。果枝着生部位越低,开花结铃越早。

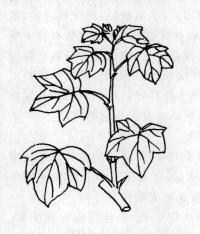

图 2-2 棉花的叶枝　　　　图 2-3 棉花的果枝

棉花的叶子分子叶、先出叶和真叶。棉苗出土时首先露出的两片对生的绿色肾形叶叫子叶,在正常情况下,子叶可生活1～2个月。种子发芽出苗所需的营养物质基本上来自子叶内贮存的养分。在出现三片真叶前,子叶是进行光合作用、制造养料的主体,其产生的养分主要运送到根部,供根生长使用。

先出叶是每个枝条抽出前先长出的第一片叶,叶片很小,多为披针形、长椭圆形或卵圆形,大多数没有叶柄。生长一个月左右就自己脱落。

真叶是指棉花的主茎和枝的每一节上所长的叶。真叶从出现到平展要经过 20～30 天的生长期,从平展到脱落一般为 70～90 天。真叶的出生速度与温度的高低和真叶的着生部位有很大关系。通常是在适宜温度范围内,温度越高,生长速度越快。出苗后10～15天长出第一片真叶,第二、三片叶的出生需7～8天的时间,自第二片真叶后,一般3～5天就能长出一片真叶。真叶叶片的大小因品种和栽培条件的不同而有差别。一般主茎叶片大于叶枝和果枝的叶片。与常规棉花相比,Bt抗虫棉叶片相对较厚,叶片属中等偏小型,缺刻较深,皱褶明显。出苗到现蕾前叶片生长速度缓慢,以后逐渐加快。主茎叶片和果枝叶在茎上的排列顺序叫叶序。抗虫棉主茎叶的叶序为3/8的排列,就是8片叶子绕主茎3圈,到第九片叶正好在第一片叶子的正上方。果枝上的叶则一个跟一个左右对生。生产上常把单位面积上棉株叶片的总面积与土地面积的比值叫做叶面积系数,它是反映棉花营养群体生长状况的一个重要指标。

叶片是整个棉株最主要的营养器官,它通过光合作用合成棉花生长所需要的有机养料。所谓光合作用,就是叶片利用光能(主要指太阳光)把大气中的二氧化碳和水等无机化合物合成有机物(葡萄糖)的过程。棉花90％～95％的干物质是光合产物,而棉叶所制造的光合产物又占棉株总光合产物的90％以上。因此,叶片光合作用的强度、效率和时间等便直接关系着棉花产量的高低。除光合作用外,棉叶还具有蒸腾、贮存和吸收等对棉花自身生长有重要作用的功能。

三、抗虫棉蕾、花、铃的生长有什么特点?

棉花长到一定的时间,其内部达到一定的生理成熟度,在温、光条件适宜的情况下,便进入生殖生长和营养生长并进的时期。蕾、花、铃就是棉花的生殖器官在不同发育阶段的几个不同形态。当棉株的第一果枝出现的三角形花苞长到苞叶基部宽 3 毫米时,即达到现蕾标准,叫现蕾。在我国黄河流域棉区,中熟抗虫棉一般在 6 月上中旬现蕾,6 月下旬到 7 月初达到现蕾盛期。在盛蕾之前棉花以增蕾为主,盛蕾以后以增铃为主。通常立秋以前的蕾能成铃吐絮,立秋后出现的蕾由于受霜期限制,棉铃多数不能成熟。因此,生产上把立秋后出现的蕾叫无效蕾。这些无效蕾应及早打掉以节约养分。棉花从现蕾到开花需 25～30 天,开花时间一般在上午 7～9 时开放,到下午 3～4 时萎缩。初开放的花朵为白色,翌日变为紫红色。棉花的花是完全花,以自花授粉为主,但也常因昆虫传粉而发生异花授粉,所以称棉花为常异花授粉作物(图 2-4)。其天然杂交率为 2%～12%,也有达 20% 以上的。棉花由蕾而花,其顺

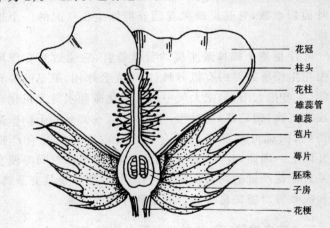

图 2-4　棉花花器官的纵剖面

序一致。就是棉株下部和靠近主茎的花先开,逐渐由里向外,由下向上顺序开放。上下相邻的两个果枝同一节位的花,开花相隔 2～3 天,同一果枝上内外相邻的两个节位上的花,开花

相隔5～7天。开花间隔的天数和外界环境条件及植株生育状况有很大关系。如果温度适宜,土壤养分充足,棉株生育正常,开花就快一些,否则开花就慢一些。

棉花开花授粉后,花的子房就逐渐膨大成棉铃,其形状为卵圆形或圆形。棉铃在开花后最初5～6天内生长缓慢,以后急剧增长,尤其是在第十五天左右增长最快,经20～30天,棉铃即长到成铃大小,体积达最大值。此时铃色鲜绿,幼嫩多汁,所以称为青铃。铃内的种子和棉纤维需再经过20～30天的发育,到吐絮时才能发育成熟。棉铃的生长大体上可分为三个阶段,首先是体积增大,其次是内部充实,最后脱水开裂(即青铃—成铃—裂铃),共需50～70天。中熟Bt抗虫棉品种平均单株成铃20多个,成铃率50%左右,比常规棉增加20%以上。棉铃的大小以正常吐絮的单个棉铃籽棉的重量来表示,单铃重一般在4.5克左右,较常规棉有所降低。棉铃的重量除与棉铃着生的部位有关外,主要受温度的影响,一般来说,生育期间气温高,铃重就大,反之则铃重减轻。气温过低时就会形成无效铃。在生产上为了便于管理,常把棉铃按其开花结铃时间的早晚分为三种桃:即7月15日以前的成铃叫伏前桃,7月16日至8月15日的成铃叫伏桃,8月16日以后结的有效铃叫秋桃。但由于各棉区气候条件、耕作制度的不同,个别棉区对三桃划分的时间稍有变动。南方棉区把伏前桃的结铃期限延长到7月20日,特早熟棉区则把伏桃的结铃期限延长到8月20日。三桃中因伏桃生长发育期间,温度高,光照强,水分充足,叶片制造供应的养分较多,所以伏桃的铃重和品质为最好,是构成棉花产量的主体,是夺取棉花优质高产的关键。而多年的丰产经验表明:棉花要高产,必须争取三桃齐结。以伏前桃打基础保稳产,以伏桃作主体保产量,以争取多生早秋桃为补充。充分利用生长期夺高产。

四、抗虫棉的种子结构有什么特点?

棉花的生长发育始于棉籽的萌发,因而了解种子的特点在生产上具有不可缺少的重要作用。

棉籽外形呈不规则的梨形,棉籽皮上着生纤维和短绒,常称为毛籽,棉籽脱去短绒,即可见种皮,成熟棉籽的种皮为黑色或棕黑色,成熟度差的种皮为红棕色、黄色乃至白色。种皮颜色可以作为选种的参考依据。

棉籽主要由种皮和种胚两部分组成,种胚又由胚芽、胚根、胚轴和子叶四部分组成。胚芽、胚根和胚轴在种子萌发后形成棉株的各个部分,子叶内含有大量的营养物质供种子出苗所用(图 2-5)。

棉籽的大小常以成熟的 100 粒棉籽的重量(克)来表示,称为子指。Bt 抗虫棉的子指一般在 9 克左右。每千克种子约 11 000 粒,与常规棉相比,种子子粒较小,总体营养成分含量低,供应棉花新芽生长所需的营养物质和能量也少,所以发芽能力以及发芽率都低于常规棉,造成田间出苗慢,苗弱。这就要求我们在抗虫棉的苗期应采取较合理的管理措施,确保苗全苗壮,打好丰产基础。

五、抗虫棉有哪些生长特性?

我们栽培的棉花,都是经人们把一种原产于高温、干旱、短日照的热带和亚热带多年生草本植物,经过长期人工选择和培育,逐渐移至温带演变成一年生作物,当年播种,当年结籽,完成生育周期。在定向选择中,棉花原有的若干生长特性,有的保留下来,有的则得到改造,同时还按照人们的需要又发

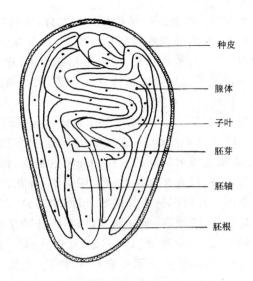

種皮

腺体

子叶

胚芽

胚轴

胚根

图 2-5　抗虫棉种子结构图

展和具备了一些新的特性。这些特性对获得优质高产棉花有
着密切的关系。抗虫棉有着棉花共有的生长特性。因此,了解
这些棉花生长的基本特性,对于我们进行科学的栽培管理具
有十分重要的指导意义。

（一）喜温好光性

棉花是一种喜温作物,温度的高低不仅影响棉花的生长
发育,而且对产量和品质也有很大影响。据研究表明,在棉花
的每一个生育时期,在一定的温度范围内,棉株体内的生命活
动程度随着温度的升高而增强,生育进程随着温度的升高而
加快,生育期相应缩短。相反,如果温度不能满足棉花的生育
要求,其生长发育就会停滞不前。如播种时要求温度不得低于
12℃,最适宜的温度是 20℃～30℃。而现蕾到开花期间,最低
温度应高于 25℃,否则不能现蕾开花。从开花到吐絮期间气

温低于 15℃,就会影响棉铃和纤维发育,造成品质下降。因此在生产上,要从棉花的喜温特性出发,针对春季和秋后气温低的情况,应注意适时播种,或采用地膜覆盖、育苗移栽等技术,促进壮苗早发。后期则通过合理施肥、浇水等措施促早熟,防早衰。以保证产量和品质。

棉花对光照要求严格,并且非常敏感,棉花叶有向光性,即白天叶片随阳光运动,夜晚叶片下垂。这是棉花好光的具体表现。太阳光照射时间的长短和光照的强度,都会影响到棉株的生长发育。只有在充足的阳光照射下,棉花植株才有活跃的光合作用。此时棉株生长健壮,节间紧凑,铃多、铃大,生产的皮棉品质好,产量高。而光照不足时,棉株的光合作用减弱,光合产物不足,有机养分供应不足,常造成植株体内营养失调,引起大量蕾铃脱落,从而影响产量。因此,从棉花播种到收获,都应通过多种栽培措施如合理密植、整枝打杈和化学调控等解决好光照问题,满足其对光照的要求。令人可喜的是,抗虫棉在这方面具有较强的优势,其叶片中等大小,缺刻较深,株型偏紧凑,果枝上举,叶片空间排列合理,通风透光好,对棉株采光极为有利。

(二)无限生长性

棉花在适宜的水分、养分、光照、温度条件下,像多年生植物一样,主茎能一直向上生长,可以不断地生枝、长叶、现蕾、开花、结铃,持续生长发育。在生产上棉花的这一特性是我们充分利用有限的生长季节,夺取棉花高产的一个有利条件。现在生产上大面积推广应用的育苗移栽、地膜覆盖等栽培技术,就是根据棉花的无限生长习性,尽量延长其生长期,增加有效结铃期,以充分挖掘增产潜力而获得显著的增产效果。但是,这一特性在生产上也有其不利的一面。生长期较长,不但与有效的生长季节相矛盾,而且遭受各种自然灾害的机会也多。另外,在肥水过量的情况下,棉株也容易发生徒长,出现贪青晚熟的现象。

（三）营养生长和生殖生长重叠并进

棉花苗期生长根、茎、叶,称为营养生长期。从现蕾开始,标志着进入生殖生长阶段,从现蕾到吐絮,棉花既长根、茎、叶等营养器官,又有现蕾、开花、结铃等生殖器官的发育,是营养生长和生殖生长重叠并进期。此期占棉花生长期的三分之二以上。营养生长和生殖生长的关系,是既相互依存又相互制约的关系,营养生长为生殖生长提供物质基础,而生殖生长又是棉花繁殖后代所必需。同时也是我们栽培棉花的目的。没有足够的叶面积和理想的丰产架子,有机养料制造不足,就会妨碍棉株的现蕾、开花、结铃;而营养生长过旺,养料主要消耗于长茎、枝、叶,则形成徒长株,不能满足蕾、花、铃的发育需要。因此棉花管理的中心任务,实质上就是通过合理的栽培措施,促控得当,协调好棉株生长发育对外界环境条件的需要,处理好营养生长与生殖生长的关系,达到获得棉花优质高产的目的。

（四）耐旱,再生能力强

棉花为直根系作物,根系发达,主根可深达 2 米,侧根分布广,在土壤中形成强吸收网络,是一种比较耐旱的作物。棉花的根、茎、叶都具有较强的再生能力,主根受伤或在中耕、移栽中断根,会促进大量侧根生长,棉株愈小,根的再生能力愈强。棉花每片叶的叶柄处都有腋芽,在正常情况下处于潜伏状态。当棉株遭受风、雹、虫等自然灾害侵袭后,枝、叶、蕾、铃虽受到损伤,但只要管理及时,创造适宜的环境条件,靠棉株的再生能力,由腋芽萌发成新的枝条,能够再现蕾、开花和结铃。

最终表现为少减产或不减产,仍能获得较好的收成。但如果肥水过多或管理不当,则往往使潜伏的腋芽萌发,形成众多的赘芽和疯权消耗养分,影响蕾铃的正常发育。

(五) 棉株可塑性强

棉花的可塑性和它的无限生长习性是紧密联系的。同一品种在不同的栽培条件下,棉株的大小、高低和个体、群体的长势等,都可因环境条件和栽培措施而变化。如果种植密度低,水肥条件也好,棉株就高大、疏散,果节多、结铃也多。相反,棉株就比较矮小,结铃也较少。棉株的可塑性为合理密植,充分利用生长空间提供了内在依据。选用优良品种,通过各种适用的栽培措施,如不同的株行距配置、水肥管理、化学调控等措施,人为地控制和塑造棉花株型,可为获得高产优质棉花创造条件。

(六) 单株产量潜力大,蕾铃脱落严重

棉花具有无限生长习性。在适宜条件下,棉花能不断地增长果枝,果枝又能不断地增长果节,增生花蕾,开花结铃。所以单株上着铃的潜力很大,如果再加上营养枝上的花蕾,单株现蕾数更多,产量潜力更大。但往往是到最后,由于受棉株自身生理因素、病虫危害及机械损伤等因素的影响,造成蕾铃大量脱落,能够收获的有效铃一般只有几个或十几个,脱落率一般在 $60\% \sim 70\%$,高的甚至可达 90%。所以了解和研究蕾铃脱落的规律和机理,加强管理,控制脱落,增加有效蕾,对实现增产增收有很大的指导意义。

第二节 抗虫棉的营养特点

一、抗虫棉的营养特点是什么？

抗虫棉的营养特点以及各个生育时期对养分的吸收规律，与普通棉花相似。

棉花是一年生作物中生长期比较长的一种作物，并且它的营养器官和生殖生长器官同时生长的时间较长，从出苗到成熟吐絮的各个时期中，每个生育时期都有其不同的生长中心。在苗期至蕾期，以扩大营养体为主，生根、长茎、增叶是以生长为中心。初花期后，根茎叶营养器官的生长速度逐渐转慢，转而变为增蕾、开花、结铃为主，生长中心转向以生殖器官的发育为中心。由于不同生育时期的生长中心不同，因而棉株根系从土壤中吸收而来的养分流向也不一样，棉株内各器官中的养分含量差异很大。棉花不同时期吸收氮、磷、钾三要素的数量也是不断变化的。苗期因棉株小，吸收氮磷钾及微量元素如锌、铁、镁等都较少，但随着棉株的发育，对营养元素的需要量会逐步增大。从初花到盛花，是棉株吸收氮营养元素的高峰期；盛花期到吐絮期是棉株吸收磷钾营养元素的高峰期，即对各种营养元素的吸收高峰都在花铃期。所以在棉田的施肥上要注意棉株的需肥特点，合理用肥。

二、棉花产量与需肥量之间有什么关系？

棉花对矿质元素的需要属于全营养型，需要各种大量元素（氮、磷、钾）和微量元素（包括锌、锰、硼、镁、钼等）。

棉花产量的高低，在一定程度上取决于棉株吸收矿质养分的多少。棉花对氮磷钾养分的吸收量,一般随着产量的提高而增多,但产量与需肥量并不成正比。从我国各地研究结果表明,产 50 千克皮棉,棉株需从土壤中吸收氮元素 3.5～9 千克,磷元素 2～3 千克,钾元素 3.5～7 千克。产 75 千克皮棉需吸收氮元素 5～10 千克,磷元素 3～4.5 千克,钾元素 7～10千克。产 100 千克皮棉需吸收氮元素 10～18 千克,磷元素4～6 千克,钾元素 13～17 千克。由于各产棉区的自然条件、地力水平以及品种的不同,获得同样产量所需养分数量的变化也比较大。但大致上棉花吸收氮磷钾的比例为 3∶1∶3。

三、影响棉花吸收肥料的因素有哪些?

棉花吸收肥料的数量与它本身的生育时期、生育状况以及土壤类型和环境条件都有密切的关系。不同的生育时期,吸收肥料的数量和速度都不一样。通常从苗期到花铃期吸收量逐步增加,至花铃期达到高峰。进入吐絮期,则因生长渐趋衰退,根系吸收能力减弱,吸收量迅速下降。如果在棉花产量相同的情况下,生长特别旺盛的徒长型棉株或生长过弱的早衰型棉株,与正常的棉株相比,吸收的养分数量都较多,而肥料的利用率却较低。棉田的土壤类型不同,虽然施肥量相同,其增产效果也明显不同。这是因为不同类型的土壤,其保肥能力不同。此外,土壤的水、气、温度等环境条件对棉根的吸肥情况也有很大影响。土壤中的水分能把营养元素溶解于其中,使棉花能吸收利用。土壤温度高,有利于根系的生长发育和对营养元素的吸收。但水分过大,则会影响根系正常的生理活动;土壤疏松通气,根系呼吸作用加强,增强了对营养元素的吸收能力。在一定范围内,施肥量增加,棉根对肥料的吸收率也随之增加。但肥量过大时反而会影响棉根吸收,甚至会烧伤棉株,降低施肥效果。土壤水分过大也影响根系的生长。

四、怎样进行棉花看苗营养诊断？

为了及时了解棉田土壤的供肥能力,棉花吸肥与需肥的情况以及它们之间是否协调,可对棉花进行营养诊断,以预测棉花的营养状况和预报施肥期、施肥量和所需肥料种类,为经济合理施肥提供依据。在生产上的主要诊断方法有看苗诊断、生理诊断和土壤诊断。这里主要介绍方便实用的看苗诊断。

看苗诊断主要是根据棉株的长势长相和某些形态指标来判断肥料的供应是不是充足,此法简便易行,容易学习掌握,可以用作棉花需肥的参考依据。

（一）氮　肥

氮肥不足时,棉株生长矮小,叶片小而且叶色淡,果枝数和总枝数少,蕾铃脱落多,铃少而轻,产量低。但这里要注意把氮素缺乏和抗虫棉本身在苗期和现蕾期所表现的叶片小,茎秆较细弱要区分开来。氮素供应过多,营养生长过旺,叶片大而薄,节间长,疯杈多,植株高大,蕾铃脱落严重,容易造成贪青晚熟,烂铃增多,产量和纤维品质降低。

（二）磷　肥

土壤缺磷时,植株生长缓慢,根系生长不良,叶色暗绿,棉株矮小,结铃和成熟推迟,纤维成熟度差,产量和品质下降。

（三）钾　肥

土壤缺钾时,棉花在苗期或蕾期,主茎中部叶片首先出现叶肉失绿,进而转为黄色,以后叶尖和边缘枯焦,向下卷曲,最后整个叶片变成棕红色,严重时叶片干枯脱落。生育后期植株常早衰,棉铃瘦小,吐絮不畅,产量较低。

（四）其他营养元素

主要指锌、锰、硼、镁、铁等微量元素。缺锌时，棉花叶片小，叶脉间组织失绿，并有坏死的斑点。缺锰时，叶脉间失绿，叶片上有失绿的斑点，严重时节间变短，植株变矮。缺硼时，棉株顶芽常坏死，棉株长得矮小而且多分枝，下部老叶肥大，暗绿色，变脆，叶脉突出；严重缺硼时，叶面反向卷曲，皱缩，苞叶张开，蕾极易脱落，开花少或不开花不结桃。缺镁时，叶片有失绿现象，叶脉仍呈绿色，叶片呈波纹状或卷起，发育迟缓。缺铁时，根系发育差，叶失绿，严重时整个叶片变黄或变白，植株矮小。

五、棉花需水量的大小与哪些因素有关？

棉花的需水量又称为棉花田间耗水量，指的是棉花从种到收的整个生育期内，棉花本身所需要的水分，以及通过叶片蒸腾和地面蒸发所消耗水量的总和，以单位面积的立方米数表示。棉花需水量是环境因素和农业技术措施综合作用的结果。因此，棉花需水量的大小，随着各地自然条件及农业技术措施的不同而变化较大。在自然条件中，影响最显著的是天气状况，另外还有地下水位和土壤性质等。北方棉区和南方棉区相比较，常表现为干旱多风，空气湿度小，棉株蒸腾和土壤蒸发强烈，因此需水量较大。地下水位高的棉田，棉株易吸收到大量的水分并蒸腾，需水量也较大。土壤质地和结构不好的棉田，水分蒸发快，耗水量也较大。棉花需水量与产量高低有密切关系。一般是随产量的提高，其需水量也相应增加。但是产量提高的幅度大，所需水量提高的幅度小，说明产量越高，用水越经济（表2-1）。在干旱情况下浇水增产幅度大。试验表明，当总需水量达到6 000立方米/公顷以上时，对产量的影响反而变小。在这种情况下,产量还能不能提高,主要决定于综合栽培技术水平。

表 2-1 棉花产量与需水量的关系

籽棉产量(千克/公顷)	需水量(立方米/公顷)	每千克籽棉耗水量(升)
150	289	1927
200	364	1820
250	423	1692
300	411	1370

六、棉花各生育期的需水有什么规律?

棉花在生长期间,由于各个生育期的外界环境条件和棉株生长发育情况的不同,对水分的需求量也不一样。总的来说,棉花从播种开始,苗期和蕾期需水量较少,花铃期需水量最多。到吐絮后需水量又变小。详见表 2-2。

表 2-2 棉花不同生育期的需水量

生育期	阶段耗水率 (%)	耗水强度 (立方米/公顷)	最大耗水强度 (立方米/公顷)
出苗~现蕾	15 以下	7.5~22.5	30
现蕾~开花	12~20	22.5~30.0	45
开花~吐絮	45~65	37.5~45.0	75
吐絮以后	10~20	30 以下	—

注:1. 阶段耗水率:是指阶段耗水量占总耗水量的百分数

　　2. 耗水强度:指单位面积棉田平均耗水量

从棉株发育的各个阶段来看,棉花从出苗到现蕾这一时期,一般是在 5~6 月间,此时气温不高,棉苗也小,叶面蒸腾和土壤蒸发强度都较低,所以此时需水量小,田间持水量宜保持在55%～70%。棉花现蕾以后,不仅营养生长加快,而且开始生殖生长,既要长枝长叶,又要增花添蕾,加上气温逐渐升高,土壤的水分蒸发量也随之加大。因此,棉花在现蕾至开花时期对水分的需要较苗期有所增加。一般每公顷日需水量22.5～30立方米,田间持水量以保持60%～70%为宜。而到开花至吐絮阶段,时间长,气温高,棉株的营养生长和生殖生长都很旺盛。根深叶茂,蕾铃并增,这时对水分的需要量最大。每公顷每天需水37.5～45立方米。盛花期最高可达75立方米。这个时期也是决定棉花产量的关键时期。田间持水量需保持在70%～80%,不能低于60%。吐絮以后,棉株进入成熟期,虽然棉棵较大,但由于气温逐渐降低,棉株生长活力衰退,需水量也逐渐减少。每公顷每天需水量在30立方米以下。田间持水量宜保持在60%左右。掌握了棉花各个生育阶段的需水规律,结合需水诊断,就可以在栽培管理上严格控制棉田土壤水分,使其既能满足棉花生长发育的需要,又不至于因水分过多而产生不良影响。

七、如何进行棉田需水诊断?

棉花是否缺水,可以通过棉株形态诊断、土壤墒情诊断以及棉株生理诊断来判断。而棉株形态诊断和土壤墒情诊断易学易用,在生产中应用较广。

棉株形态诊断主要是通过观察棉株长势长相,再和正常情况下的棉株长势长相相比较,来判断其是否缺水。一般来说,当棉株上部第三、四片主茎叶中午出现萎蔫,下午3～4点时仍不能展开复原,主茎日生长量变小,长势缓慢,果枝节间短,开花节位上升迅速,苗期主茎红色达到株高的1/2左右,蕾期达到 2/3 左右,这些症状都表明棉株缺水,应及时浇水。

土壤墒情诊断也是判断棉株需水状况而决定是否需要灌溉的方法。现列出中国农科院棉花研究所划分的有关土壤墒情的等级分类表,可作为土壤墒情诊断的依据(表 2-3)。

表 2-3　黄河流域棉区砂壤土棉田土壤水分等级分类表

级别	土壤水分效应	1米土层含水率(%)	棉株形态主要特征	水分形态运动能力	群众分级名称
1	无效水	<6	植株矮小,根系瘦弱,叶色墨绿转黄枯,蕾脱落干净,铃大量脱落	不运行	干墒
2	极难效水	6~9	植株衰败,主茎果枝节间短,变红,叶子凋萎失光,并渐次黄枯,蕾铃大量脱落	极缓运行	黄墒
3	难效水	5~12	植株衰竭,果枝封顶叶型小,叶肉肥厚色浓绿,中部主茎叶萎蔫,午后不展,幼蕾脱落严重	缓慢运行	潮黄墒
4	易效水	12~16	株型紧凑,生育协调,根系健壮,果枝上翘,叶片适中,色绿带光,三桃齐结,成铃率高	中速运行	合墒
5	极易效水	16~20	植株旺盛,顶端优势强,果枝节位高,叶片较大,叶色嫩绿,蕾花不断,成铃率高	迅速运行	黑墒

级别	土壤水分效应	1米土层含水率（%）	棉株形态主要特征	水分形态运动能力	群众分级名称
6	饱和水	20～24	株型松散,茎节间长,顶端冒尖,叶片大而脆,叶色绿中透黄,蕾铃小,烂铃重,成熟晚,吐絮不畅	极速运行	饱墒
7	重力水	＞24	土壤暗渍,根系窒息,叶色变黄,蕾铃大量脱落,沥涝无法排除,植株逐渐死亡	向下淋失	满墒

注:1. 资料来源:中国农业科学院棉花研究所

2. 表中描述的棉株主要形态特征以棉花开花结铃期为主

第三章　Bt 抗虫棉的品种

当前在我国各产棉区示范推广的 Bt 抗虫棉品种（品系），从长势到产量，均能适应各地的自然条件，满足棉农的要求，而且抗虫效果突出，其纤维品质也符合纺织用棉标准。其中主要有 GK-12 转 Bt 基因抗虫棉和新棉 33B 等。现介绍如下：

一、新棉 33B 的植物学特性和栽培要点有哪些？

新棉 33B，亦称美国保铃抗虫棉。是由美国岱字棉公司与孟山都公司合作，利用现代高科技手段和生物工程技术育成，能产生 Bt 内源毒素的抗虫棉新品种。对棉铃虫等鳞翅目害虫具有较强的杀伤能力。

（一）新棉 33B 的植物学特性

新棉 33B 棉株的下胚轴根部细长，主根粗壮，侧根发达，有利于养分和水分的吸收。茎秆坚硬抗倒伏，株型紧凑，结构合理，株高 85 厘米左右，叶片中等偏小，叶色深绿，有利于通风透光。棉铃卵圆形，嘴尖，中等大小。结铃性强而集中，吐絮好，易采摘，早熟不早衰。生育期 122 天，高抗棉铃虫，抗枯萎病，耐黄萎病。

（二）新棉 33B 的栽培技术要点

由于新棉 33B 具有株型紧凑，早熟性好，结铃性强而集中等特点，所以从播种开始就要采取以促为主的栽培管理措施。

1. 施足底肥，精细整地

每公顷要求施优质粗肥 45～60 立方米，氮肥 450～750

千克,五氧化二磷150～180千克,氯化钾150千克。然后耕翻耱耙。

2. 浇好底墒,保好口墒

在播种前15～20天浇好浇足底墒水,然后适时耕翻整地,做到上虚下实无坷垃,土地整好后按预定的株距,一般为大行距85～90厘米,小行距45～50厘米起垄。

3. 地膜覆盖,适时播种

当5厘米地温稳定通过15℃或20厘米地温达到16.5℃时进行播种,播种后要立即盖膜。底墒不足时要浇水点播,但是要等到坑内的水渗完后再放籽、盖土覆膜。

4. 播种深浅要适宜

新棉33B棉的棉籽小,出苗弱,小苗的拱土能力差,所以播种时一定要掌握好种子的播种深度,一般播种深度以2～2.5厘米为好,沙性土壤不要超过3厘米,常言道"三指深、一指浅、二指出苗最保险"。而且播种后要及时进行镇压,让种子和土壤紧密结合在一起,以确保一播全苗。

5. 合理密植

每公顷的总棵数要达到60 000株以上,因此在大行85～90厘米,小行45～50厘米时,不论是人工点播还是机械穴播,棵与棵之间的距离要求在20～25厘米为宜。每公顷用种量要求在15～22千克。

6. 及时放苗,查苗补苗

在棉苗出土后,子叶变绿时,要及时放苗,以免被地膜下的高温烫伤,并用土堵好苗孔。而且要及时查苗补苗,但不得补种或移栽其他棉花品种的种子或棉苗,以免造成混杂,降低棉株的抗虫性。

二、抗虫棉 GK-12 的植物学特性和栽培要点有哪些？

抗虫棉 GK-12 是由中国农业科学院生物技术研究中心和江苏省农业科学院经济作物研究所合作,利用高科技生物工程技术,将人工修改后的 Bt 杀虫蛋白基因转入中国主要栽培棉花品种泗棉三号中培育出来的。该品种对棉铃虫具有高抗性能,其载体表达居国际领先水平,整体研究达国际先进水平。在山东省梁山县馆里乡的种植表现为:在每公顷株数为38 700 株时,平均单株有效成铃 26.09 个,每公顷产皮棉1 582.5 千克。1998 年在河北省邯郸市全生育期不喷一次杀虫剂的试验区内,每公顷 52 500 株时,平均单株成铃 20.9 个,单铃重 4.5 克,每公顷产籽棉 4 200 千克,折皮棉 1 428 千克。

(一) 抗虫棉 GK-12 的植物学特性

1. 抗棉铃虫

对二代棉铃虫具有强抗性,对三代棉铃虫具有较强的抗性。

2. 农艺性状优良

丰产性能好,增产潜力大。

3. 生长势强

出苗好,长势强,叶片中等大小,叶色中绿。果枝与主茎夹角小,株型紧凑呈塔形,通风透光好,果枝着生节位第六至七节,腿矮,生长发育快,现蕾开花早。霜前花多。据田间试验示范,1997 年春播棉田霜前花达95%～100%,麦套棉达 85%～90%。结铃性强而集中,中下部坐桃多,烂铃少,脱落少,而且上、中、下分布均匀。棉铃为尖嘴卵圆形,铃柄(把)长,个大壳薄,多为五瓣,平均单铃重 5～5.5 克,大铃达 6～7 克。吐絮好而集中,易于采摘。

4. 不耐黄萎病

黄萎病发生较重的棉区应慎重引种。

5. 对缺钾敏感

土壤缺钾时,7月底至9月上旬易发生红叶茎枯病,缺钾越重,发病越早。

（二）抗虫棉 GK-12 的栽培要点

1. 选择高水肥棉田,施足底肥,培肥地力

GK-12 抗虫棉是一个结铃多,产量高,需肥量大,对钾肥敏感的高产棉品种。增施有机肥和钾肥是 GK-12 棉花品种的特殊要求。所以要选择土壤有机质和速效钾含量高（有机质含量在 1.2%～1.5%,每千克土壤含速效钾 150 毫克）的高水肥棉田种植。播种前要施足底肥,要求每公顷施粗肥 30～45 立方米,尿素 225～300 千克或碳酸氢铵 450～750 千克,过磷酸钙 1 125～1 500 千克,硫酸钾或氯化钾 450～600 千克,硫酸锌 15 千克和硼砂 7.5 千克。

此外,在选择棉田时,还要注意选择无黄萎病发生史的田块。

2. 适期播种

GK-12 是一个春播棉类型的品种,作春棉和麦套棉均可,但不宜作夏播棉使用。适宜播期为 4 月 20～25 日,覆盖地膜时可提前到 4 月 15 日前后。

3. 合理密植

单位面积的棉花株数,单株成铃数和单铃重是构成棉花产量的基本条件,水肥条件好,地力壮,公顷产皮棉 1 875 千克左右的棉田,棉株长得高大,单株结桃多,每一棵棉株占地面积也大,所以留苗的密度应适当的稀一点,能保证每公顷实收株数 30 000～37 500 株为宜。一般平均行距 80～85 厘米,株距 35～38 厘米,株高控制在 1.1～1.2 米,平均单株果枝

17个左右为好。

若是每公顷产皮棉1 500千克左右的中等水肥棉田，一般以行距80厘米，株距30厘米，每公顷实收株数45 000～52 500株为宜，平均单株果枝数14～16个，株高90～100厘米，不宜过高。

4. 科学合理施肥浇水

常言道：肥是庄稼宝，缺它长不好；粪大水勤，不用问人。但是，如果不按照棉花的生长规律科学合理地施肥浇水，就是做到了粪大水勤，也不一定能获得好的收成。因为施肥浇水的时间不同，肥水发挥的作用也不一样。根据棉花不同的品种特性，在棉花最需要肥水的关键时期追肥浇水，才能使肥水发挥更大的作用，取得更高的产量。GK-12抗虫棉由于其产量高，需肥量大，所以要掌握早追重追花铃肥，补追盖顶肥的原则，适当提前追肥，在盛蕾期或初花期分2次或1次每公顷追尿素225～300千克。打顶后如出现早衰苗头，可叶面喷施150～200倍的垦易有机肥，每隔10天1次，连喷2～3次。如7月底到8月初，出现点片红叶茎枯病和黄绿相间的叶片，是土壤缺钾的表现，应立即喷施磷酸二氢钾或硫酸钾（氯化钾也可）加尿素混合液，补充钾肥，每隔5～7天1次，连喷3～5次，能有效地控制红叶茎枯病的发生与蔓延。

喷肥时间以下午3点以后为好，因为早晨有露水，肥水易流失；中午温度高，肥水易蒸发，叶片吸收少。

叶肥的配比方法：

①垦易有机肥：15升水加垦易有机肥50～75毫升混匀喷雾。

②磷酸二氢钾：15升水加磷酸二氢钾100～150克加尿素75～100克。

③氯化钾或硫酸钾:15 升水加氯化钾或硫酸钾 300～400
克加尿素 75～100 克。

5. 适时防治棉蚜、红蜘蛛和三、四代棉铃虫

因为 GK-12 抗虫棉只对鳞翅目害虫具有抗性,对棉蚜、
红蜘蛛和美洲斑潜蝇等非靶标害虫没有抗性,而且随着植株
的生长发育,对三、四代棉铃虫的抗性也有所减弱,所以在棉
蚜、红蜘蛛和美洲斑潜蝇发生较重时,要及时喷药防治。在三、
四代棉铃虫卵孵化盛期,也要酌情防治 1～2 次。防治方法见
第六章。

三、中棉所 29 抗虫棉有什么特点?

中棉所 29,又名中抗杂 1 号。是中国农科院棉花研究所
以高产抗病品种为母本,以转 Bt 基因棉为父本用人工去雄授
粉的方法培育的转基因抗虫杂交棉。该杂交种既继承了母本
的丰产性和抗病性,又继承了父本的抗虫性,集丰产、抗虫、抗
病于一体。1998 年 1 月通过国家品种审定委员会审定,准予
推广。

中棉所 29 为中熟偏早品种,生育期 130～135 天,株高
90 厘米,株型紧凑适中呈塔形,叶片中等大小,叶色深绿,生
长稳健,整齐度和通风透光性好,单株平均果枝 12～15 个,结
铃性强,早熟,吐絮顺畅,铃重在 5 克以上,衣分高(40%左
右)。在生长特性上有出苗快、苗壮、早发、生长势较强等特点,
蕾铃期生长稳健,抗病性好。丰产潜力大,生态适应性广,适合
我国各棉区栽培。

四、中棉所 30 抗虫棉有什么特点?

中棉所 30 是中国农科院棉花研究所以短季棉品种中棉

16 为母本，以转 Bt 基因抗虫棉品系为父本，经杂交并回交选育而成的高抗棉铃虫等田间害虫的杂交抗虫短季棉品种。1998 年 1 月通过国家品种审定委员会审定，准予推广。

中棉所 30 为早熟品种，生育期 115 天，株高 70～80 厘米，株型紧凑呈塔形，叶片大小适中，缺刻较浅有皱褶，叶色浓绿，叶量适中，透光性好，茎秆坚韧，表皮稀毛，呈紫红色，抗倒伏。平均单株果枝 11.8 个，第一果枝着生节位 5～6 节，果枝上举，分布匀称，冠层结构好。棉铃卵圆形，个大，平均单铃重 5～5.2 克，铃壳薄，吐絮顺畅集中，纤维白，品质好，衣分 39%，子指 9.5 克。

五、中棉所 31 抗虫棉有什么特点？

中棉所 31 原称为 KC-2。是中国农科院棉花研究所用中棉 16 和转 Bt 基因种质品系 110 杂交，经连续加代和系统选育而成的抗虫棉新品种。1998 年 4 月经过河北省农作物品种审定委员会审定。

中棉所 31 生育期 117 天左右，属中早熟品种，适合于麦棉套种，高抗棉铃虫，兼抗枯萎病和黄萎病，植株呈塔形，根系发达，茎秆坚韧抗倒伏性强，叶片中等大小，叶色深绿，花呈乳白色，结铃性强，脱落率低，棉铃为卵圆形，吐絮顺畅，纤维色泽洁白，品质优良，各项指标均符合纺织工业用棉要求。

六、中棉所 32 抗虫棉有什么特点？

中棉所 32 是中国农科院棉花研究所以中棉 17 为母本，以转 Bt 基因棉种品系为父本进行杂交，经多代选择育成的转基因抗虫棉新品种。1998 年 4 月通过山西省农作物品种审定委员会审定。

中棉所 32 属中熟品种，生育期 135 天左右。高抗棉铃虫，并抗枯萎病。株型为近筒形，松紧适中，株高中等，茎秆粗壮，叶片呈深绿色，中等大小，边缘缺刻较深，叶量适中，棉铃呈卵圆形，铃重 5.3 克以上，第一果枝着生节位在第七节。子指 10 克左右，衣分 41%。该品种出苗情况较好，结铃性强，整个生育期生长稳健，适合在黄淮流域棉区进行春播，也可进行麦棉春套栽培。

七、R93-2 抗虫棉有什么特点？

R93-2 是中国农科院棉花研究所通过杂交转育手段，将外源抗虫基因转育到高产、优质、抗病的低酚棉（无毒棉）品种中棉所 13 中，通过定向选择和南繁加代等技术手段培育出的高抗棉铃虫、红铃虫等鳞翅目害虫的低酚棉新品系。

R93-2 品系生育期 130 天左右，适合春播或春套栽培。该品系株型紧凑，叶片小而有皱褶，叶色深绿，茎秆细硬，果枝上举，现蕾结铃集中，成铃率高，脱落率低，铃卵圆形，单铃重 4.5 克左右，衣分 37%～38.5%，吐絮顺畅。苗期生长发育迟缓，现蕾后生长发育明显加快。

八、R93-3 抗虫棉有什么特点？

R93-3 是中国农科院棉花研究所用中早熟品种中棉所 17 和抗虫棉品种杂交及回交育成的转基因抗虫棉新品系。在山东、山西等省种植都表现了较好的抗虫性和丰产性。

R93-3 全生育期 130 天左右，适宜春播或晚套春棉。该品系株型较紧凑，果枝上举，茎秆细硬，叶片大小适中，叶色浓绿，第一果枝着生部位为第五、六节，结铃早而集中，吐絮顺畅，铃重 5 克，衣分 36.5%。苗期生长迟缓，盛蕾期后生长发育明显加快。

九、R93-4 和 R93-5 姊妹系有什么特点和区别？

R93-4 和 R93-5 是以中棉所 12 为亲本,与转基因抗虫棉品种杂交而获得的中熟抗虫棉新品系。两者为姊妹系,在山西等省种植获得了良好的丰产效果。

R93-4 和 R93-5 的全生育期为 135 天左右,株型紧凑,果枝上举,茎秆细硬,叶片较小,叶色浓绿,结铃集中,成铃率高,衣分 38.2%,苗期生长发育较慢,现蕾后生长发育明显加快。二者的区别为:R93-4 株型较紧凑,但铃重低,4.8 克左右,结铃性强,属小铃多铃型品系。R93-5 株型较松散,铃较大,5.3克左右,属大铃型品系。

十、冀 RH94-1 杂交抗虫棉有什么特点？

冀 RH94-1 是河北省农科院棉花研究所以高产、抗病、早熟、优质新品系 94-98 为母本,转 Bt 基因抗虫棉品系 94-1 为父本育成的抗棉铃虫杂交棉。在全国抗虫棉联网区域试验及河北省内外试验示范中,均表现出丰产、抗虫、抗病、早熟和优质等特点。

冀 RH94-1 全生育期 130 天左右,株高 90 厘米,株型紧凑,叶片中等大小,出苗齐,开花结铃早,结铃性强,上、中、下结铃均衡,各部位铃重差别小,铃重 5.6 克,衣分为 41.5%。中后期叶片功能良好,早熟不早衰,吐絮顺畅,纤维洁白质量高,高抗枯萎病,耐黄萎病。

第四章　Bt 抗虫棉的丰产栽培技术

第一节　抗虫棉的科学播种

一、高产棉花对栽培的基础条件有哪些要求？

土壤肥力是土壤的物理、化学、生物等特征特性及其动态变化的综合表现，是形成棉花产量的基础，直接影响着棉花的生育进程和最终产量。要实现棉花的高产，必须有一个肥力较高的土壤条件，才能满足高产稳产的要求。一是耕作层土壤有机质丰富，养分含量高。每公顷产 1 500 千克皮棉的高产棉田有机质含量要求在 1%，全氮的含量在 0.06% 以上，速效磷含量在 20 ppm 以上，速效钾的含量在 120 ppm 以上。并含有能基本满足棉花生长发育需要的硼、锰、镁、铁、钼等微量元素；二是土壤理化性状好。要求棉田土层深厚，团粒结构多，土质疏松，通气性好，保水保肥能力强。能协调对棉花水、肥、气、热的均衡供应，满足棉株整个生育时期对水、肥、气的需要。另外，丰产棉田还要有较好的水利条件，排灌方便，以保证遇旱能及时浇水，遇涝时能及时排水。

二、丰产栽培的播前准备工作怎么做？

在棉花播种期间，北方棉区常遇春旱天气，气温低而不稳。南方棉区则多为阴雨天气。两熟套种棉田行间荫蔽严重，湿度大，易发生烂种死苗。要实现一播保全苗，达到苗早、苗齐、苗壮的目的,播前的各项准备工作非常重要,应认真做好。

（一）播前的棉田准备

播前棉田准备工作主要包括翻耕整地、造墒保墒和施足底肥,力求为棉花一播全苗创造良好的条件。

1. 翻耕整地

耕地在不同的季节有秋冬耕和春耕之分,秋冬耕宜在前茬作物收获后立即进行,宜早不宜迟。因为进行秋冬耕,土壤风化时间长,有利于多接纳雨雪,保持土壤墒情。但大多数地方为了翻施基肥而普遍实施春耕。耕深一般在 15 厘米左右,不宜过深。耕后立即进行耙耱,消灭坷垃,减少水分蒸发。套种的棉田要在前茬作物行间进行松土,清行。盐碱地棉田要进行灌水压碱,浇水量要大。重盐碱地还可在播前进行第二次灌水压碱。不论是北方的平作棉田,还是南方的畦作棉田,播前棉田土壤都要达到上虚下实,土表干净无杂草,无坷垃。

2. 施足底肥

施足底肥是棉田备播的核心要素,其中心是增施有机肥和配合施用化肥。有机肥就是指常用的土杂肥、圈肥、人粪尿和饼肥等。可根据本地区的生产水平高低施用,但要适量多施。每公顷产 750 千克皮棉的棉田,可施用有机肥 30～45 吨;每公顷产 1 500 千克以上皮棉的地块,以施用有机肥 45～75 吨为宜。在配合化肥施用上,经研究表明,根据产量要求,每公顷施用尿素 225～375 千克,磷肥 450 千克,钾肥 150 千克。施用原则是高产田块氮肥底施占总量的 60%,磷肥、钾肥全部底施。低产田块(如旱地)则全部底施。另外,凡是种短季棉的棉田,氮磷钾肥也应全部底施。这样,有了充足的底肥,有利于促苗早发,培育壮苗,提高肥料的利用率,搭好丰产架子。在施肥方法上,单作棉田应结合耕翻土地,把底肥翻入土中,套作棉田可以结合整地播幅开沟将底肥埋入土中。

（二）播前的种子准备

优良棉种是棉花丰产的基础,种子准备工作主要包括以下三项:选种、晒种和种子处理。

1. 选　种

种子是实现作物高产、稳产、优质的内在因素。高产棉花对良种的要求是:增产潜力大,产量稳定性好,抗逆性强(包括抗旱、耐涝、耐低温等),纤维品质优良,能满足纺织工业要求,抗病虫性能强,适合本地气候条件和生育期。

在选择种子时,棉农可结合自己所在地的气候条件,棉田土壤肥力水平,种植习惯等,向当地的正规种子经营部门如国有种子公司咨询后购买,以免买到不适用的品种或假冒伪劣棉种。要选择子粒饱满、均匀、成熟度好,嫩籽、杂籽、虫籽、破籽少,发芽率在 85% 以上的种子。为了获得更高的产量,有条件的可选用杂交一代棉种。

2. 晒　种

棉花播前晒种,可以促进种子后熟,提高棉种的发芽率,特别是对成熟度较差的种子晒种效果更好。另外,晒种时太阳光中的紫外线还可杀死附着在种子上的部分病原菌。据湖北省农科院研究表明,播前晒种可提高发芽率 4%～7.5%,苗期发病率可降低 50% 左右。晒种可在棉花播种前 20 天左右进行,选晴天曝晒 4～5 天,每天晒 7～8 个小时,共晒 30～40 个小时,晒到棉籽用牙咬有响声为准。晒种时要摊得薄,翻得勤,保证晒匀晒透。不要在水泥地和石板上晒种,以免把种子烧伤,形成硬子死子,降低种子的发芽率。

3. 种子处理

认真进行播前种子处理,可以防治苗期病虫害,达到苗齐苗壮的目的。由于抗虫棉的子指小,种子生活力较差,搞好播前种子处理,是种好抗虫棉的重要环节。下面介绍几种不同的种子处理方法及作用,以供参考。

(1)温汤浸种:用温度较高的水浸泡棉籽,可以杀死附着和潜伏在种子内外的病原菌和虫卵,还可以加快棉籽吸水速度,起到催芽和杀菌作用。一般可用 55℃～60℃ 的温水,加入适量的植物生长促进剂,如禾欣液肥、爱多收等,配成生长促进剂水溶液,浸种 20～30 分钟,浸种用的容器要加盖保温,期间搅拌 2～3 次,使种子受热均匀。如果催芽,可在温度下降后继续浸种 6～8 小时,然后将种子捞出摊晾至短绒发白时,把种子堆在一起催芽。但本方法对土传病害如棉苗立枯病和猝倒病没有防治效果。

(2)药剂拌种:一般采用 25% 多菌灵胶悬剂 200 倍液冷浸棉种 14 小时,可以防治由多种真菌引起的苗期病害,并可杀灭棉种上附带的黄萎病和枯萎病菌,有利于棉种的消毒。此外,还可用立枯灵、拌种灵和稻脚青等杀菌剂按种子重量的 0.5% 拌种。棉蚜发生严重的棉田,浸完种后按每公顷 22.5 千克的 3% 呋喃丹颗粒剂拌种。

(3)硫酸脱绒:由于硫酸吸水时会释放出大量的热能,使棉籽的温度上升到 50℃～60℃,在高温和硫酸吸水腐蚀的双重作用下,杀灭种皮内外病菌的效果尤为显著,而且种皮光滑,有利于机器精量播种,提高播种质量,节省种子,光子还能加速种子吸水,提早出苗。另外,也为种子包衣提供了条件。具体做法是:将棉籽放入瓦缸内(切忌使用铁、铝、铜等金属容器),按每 10 千克棉种加 1 千克粗硫酸的比例,边倒边用木棍搅拌,搅拌 10～15 分钟,至种子绒毛脱光,种壳外表呈乌黑油光发亮时,立即捞出用清水反复冲洗,直至水色不显黄,水味不带酸为止。将浮在水面上的虫子、破子、病子和瘪子捞出,然后将饱满的种子捞出沥干,再用棉花种衣剂进行包衣。

种衣剂种类很多,不同类型的种衣剂内所含农药种类和成分不同,其功效也不一样,应结合本地情况选用。种衣剂一般是由杀虫剂、杀菌剂和粘附剂等按一定比例配制而成的。它可以在脱绒后的种子表面形成一层厚薄均匀并具有透气性的种衣,可杀灭有害病原菌和害虫,有效地避免棉苗炭疽病、立枯病和红腐病等病菌的侵害。同时兼治地下害虫和部分地面害虫(如蝼蛄、蛴螬等)。可减少棉田用药次数和数量,避免和减轻杀伤天敌昆虫(瓢虫、草蛉和食虫蝽等),减少环境污染,节省劳力。由于种衣剂内还含有微量元素和生长激素,包衣后对棉苗前期的生长发育也有很好的促进作用。如使用种衣剂1号可防治棉花枯(黄)萎病、苗期炭疽病、立枯病以及棉蚜、蓟马、蝼蛄和蛴螬等害虫。种衣剂2号的防治对象与1号相同,但主要用于北方棉区,对防治立枯病有特效,所以在立枯病发生严重的棉区应首选。种衣剂3号可在全国棉区通用,防治对象与1号相同。种衣剂5号主要用于南方棉区,以防治棉花炭疽病和疫病。种衣剂11号用于南方棉区,以防治炭疽病、立枯病、疫病和猝倒病为主。种衣剂12号防治对象同11号。在进行人工包衣操作时,要严格按照种衣剂说明的要求去做,一般可用大锅或大盆将种子洗净晾干后,按照棉种和种衣剂的用量比例进行包衣,如1袋1号种衣剂可包棉种30～40千克。包衣时先把种子倒入锅(盆)内,再倒种衣剂,边倒种衣剂边搅拌,搅拌均匀后即可装入袋中待用。需要注意的一是包衣后的种子有毒,只能作种子使用,不能再作他用,所以要根据当年用种量确定包衣的数量,当年包衣当年使用。二是在用种衣剂包衣时不要再加水或别的农药和肥料。三是有的种衣剂中含有剧毒农药呋喃丹(如种衣剂 1 号、3 号、12 号),所以在操作时要注意防止中毒。随着各地种子工程的进展,商品化的硫酸脱绒包衣种子供应量逐步增加。应尽量选用商品化的包衣棉种,有利于保证种子质量。

三、如何进行科学播种?

为了保证一播全苗,争取苗齐、苗壮、苗匀,在做好播前准备工作的基础上,还要进行科学播种。科学播种包括因地制宜地选择种植格式,合理确定播种期、播种量、播种方式和播种的深度、密度,及时做好播后管理等,从而为棉籽的发芽出苗创造良好的环境条件。

(一)种植格式

北方的一熟棉田,可采用等行距种植,行距一般为 70 厘米或 80 厘米,地膜覆盖栽培。麦(油)棉套作两熟棉田,需套种中早熟抗虫棉品种(或品系)。如中棉所 31、R93-4 等。可采用育苗移栽、起垄栽培等多种种植方式。一般常采用 3-2 式或 4-2 式栽培方式。3-2 式就是 3 行小麦占地 40 厘米,预留 2 行棉花,占地 80～100 厘米。棉花种于垄上,整个棉麦带宽120～140 厘米。习惯上称为小 3-2 式和大 3-2 式。4-2 式就是 4 行小麦占地 60 厘米,预留 2 行棉花占地 80 厘米起垄,棉花种于垄上,棉麦带宽 140 厘米。两熟棉田起垄种植有利于麦棉共生期间的管理,也有利于提高棉花行的土壤温度,促苗早发,减轻病害发生程度。

麦套夏棉,抗虫棉品种可选用短季棉如中棉所 30 等,一般采用 3-1 式最好,也就是每 3 行小麦预留棉行 35 厘米,翌年种 1 行棉花。棉花为 70 厘米等行距,便于田间管理。群众把这种种植方式叫做"麦棉塞"。

（二）播种期

播种期主要是由所在地的温度、墒情和终霜期等因素来确定。其中温度是决定性因素。根据棉籽发芽、出苗对温度的要求，一般以当地 5 厘米地温稳定通过 14℃时为播种适期。

我国大部分棉区，播种适期为 4 月中下旬。北方黄河流域棉区，有"清明早，立夏迟，谷雨正当时"和"枣花发，种棉花"的说法。应在 5 厘米地温稳定通过 14℃时，抓住"冷尾暖头"播种。或根据"霜前播种，霜后出苗"的要求播种。播期一般在谷雨节气内，即 4 月中下旬为宜。在南方棉区，气温变化幅度较大，如长江中上游有"清明谷雨播，4 月底齐苗"之说。而下游棉区如江苏省则与黄河流域播期相近。播种过早，由于地温低，出苗时间延长，棉籽中的养分消耗过多，棉苗生活力弱，容易受病虫的危害，造成缺苗断垄。播种过晚，虽然因温度高而出苗快而全，容易保苗，但棉苗迟发结桃晚，不能充分利用生长期，影响最终产量。选择播种适期除温度外，还需要考虑到土壤墒情、终霜期和土质等条件。土壤过干、过湿都对棉籽发芽不利，适于棉籽出苗的土壤水分为田间持水量的 70%～80%。终霜期就是指最后一次霜冻来临之时。在易受霜害的地区，最早也只能在终霜之前 10 天左右播种，终霜过后出苗，以免遭受霜害。地膜覆盖栽培和育苗移栽的棉花，播种期应根据地膜棉出苗、放苗和移栽时间来确定。

（三）播种量

保证足够的播种量对出苗好坏有直接影响。但不能片面的以多求全，要本着质量效益的原则，根据子粒的大小、留苗密度、土壤气候等条件而定。通常情况下，播种粒数应为留苗密度的 5～10 倍。对抗虫棉来说，由于其种子小，生长势弱，更是如此，条播的每米落种 50～60 粒，每公顷用种 75 千克左右。点播的每穴下种 5～7 粒，每公顷用种 45 千克左右。营养钵育苗，每钵下种 2 粒，每公顷只需 15～22.5 千克种子。如果种子发芽率低或土壤墒情差或是盐碱地或苗期病虫害严重的，则播种量要在以上所说的基础上增加一至二成。

（四）播种方式

播种方式分条播和点播两种。可根据自己的实际条件来确定。条播具有容易控制播种深度，易做到播行直，下种均匀，出苗整齐，便于进行田间管理等优点。而点播则具有节省种子，种子集中出土能力强等优点。目前在生产上应用最多的是开沟点播的方式，也叫做条点播。这种方式克服了点播打坑深浅不一的缺点，兼有条播和点播的优点。此法对小面积的棉田来说，是一种比较理想的种植方式。

（五）播种深度

播种深度是否合适与出苗早晚、苗全苗壮有极大的关系。播种过深，地温低，氧气少，顶土困难，出苗慢，种子内部养分消耗多，造成出苗不齐，不全，不壮。而播种过浅，表土层易缺墒干结，棉籽发芽也很困难。因此播种的深浅要根据不同地区的土质和墒情而定。北方棉区春季常少雨多风，墒情差，种子浅播不易发芽出苗，播种和覆土要厚，一般播深为 3～4 厘米，地膜覆盖棉田可播深 1 厘米。南方棉区雨水多，土质也粘重，播种宜浅不宜深，播时要"深不过寸，浅不露籽"，一般以 2～3 厘米为好。

（六）合理密植

在一定密度范围内，增加密度可充分利用地力和光照，产量也相应增加。但也不是密度越大越好。超过一定的密度范围不仅不能增产，反而会造成减产。确定合理的密度必须考虑以下几个条件。一是土壤条件。土层厚，保水保肥能力强的土壤,适当稀植;土层薄,保水保肥能力差的土壤,应适当密植。二是水肥条件。施肥水平高的宜稀植,施肥水平低的宜密植。旱地棉田以及干旱少雨地区宜密植,水浇地及降雨多的地区宜稀植。三是气象条件。在棉花生长期间,气温较高和无霜期较长的地区如南方棉区,由于棉株生长高大,密度就可稀些。温度低,无霜期较短的北方棉区,就可适当密一些。此外,还应考虑品种类型。株型紧凑,植株较矮的早熟品种宜密;株型松散,植株高大的中晚熟品种宜稀。综合以上原则及抗虫棉本身的特征特性,依各地经验,抗虫棉的种植密度一般要比同类型常规棉品种增加 10%左右。春播抗虫棉应达到 60 000～67 500株/公顷;麦(油)棉套种棉田棉花密度要达到 67 000～75 000株/公顷;短季抗虫棉密度应达到 75 000 ～82 500 株/公顷。在这个密度范围内,可依据上面的几个条件进行适当调整。

（七）播后出苗前的管理

棉花从播种到出苗,要随时注意棉田与外界条件的变化,加强管理,才能达到一播全苗。

北方棉区常干旱多风,土壤易缺墒,种子有落干的可能,因此播种后需抓紧镇压以改善耕作层土壤对种子的水分供应。如果墒情过差,有灌溉条件的应在种子旁开沟,进行小水偷浇,但注意水量一定要小,只要能湿润种子层的土壤即可,切不可浇蒙头水,否则会降低地温,造成土壤板结,影响出苗。播种后若遇降雨天气,土壤受雨淋拍后地表土层板结,会造成棉苗顶土困难,所以雨后要及时松土,破除板结层,助苗出土。如果覆土过厚,棉籽发芽后顶土困难,则应扒土救苗,否则会造成烂子、烂芽,扒土露出的幼苗要往上撒些湿土,以防止强烈的阳光照射或大风吹苗。

南方棉区播后多雨,在播前要清好田沟,降低地下水位,防渍防涝。套作棉田,为了改善幼苗的温、光条件,要清理前茬,扎把露苗,给棉苗创造一个良好的生长环境。

第二节 抗虫棉的苗期管理

棉花苗期,即从出苗到现蕾的一段时间,有 40 天左右。一般北方棉区为 4 月底、5 月初到 6 月上中旬,南方棉区为 4 月下旬到 6 月上旬。

一、苗期的生育特点和影响因素是什么?

抗虫棉的苗期是以生长根、茎、叶等营养器官为主的营养生长时期,并开始了花芽分化。在各个营养器官中,以根的生长发育速度最快,是这一时期的生长中心,地下主根伸长比地上株高的增长要快4~5 倍。在这一时期,影响棉苗生长的因素主要有温度、光照、肥料、水分和土壤等。

温度是影响棉苗生长的主要环境因素。棉花幼苗的抗逆性差,由于此时气温常常偏低,而且变化较大,在低温影响下往往导致病苗、死苗和弱苗晚发。在苗期,光照对棉苗影响不是很大,但如果遇连续阴雨天气,或者田间定苗不及时,或受间、套作物的遮荫等,就会导致棉苗争光上窜,形成高脚细弱苗,生育期往后推迟。幼苗棵小,吸收的肥料量虽有限,但对肥料的反应却很灵敏。如缺少氮肥就会影响整个棉苗生长;缺少磷肥会使根部生长变慢;缺钾肥则棉苗容易得病。但肥料也不能过多,如果氮肥过多,就会引发棉苗旺长。另外,苗期土壤水分可适当少些,以有利于根系深扎和蹲苗,促进壮苗早发。

二、苗期管理有哪些要求？

苗期田间管理的总要求是：保证全苗，培育壮苗，促苗早发。在这一时期，各项技术管理措施，都是围绕着帮助棉苗克服不利环境因素的影响，改善它们的生育环境，以保证幼苗正常生长。而对 Bt 棉来说，由于种子生活力弱，出苗到现蕾前，茎和叶生长速度缓慢，叶片小，茎秆细弱，更应有针对性地进行促早发管理，为棉花丰产打好基础。

三、苗期棉田管理的具体措施有哪些？

（一）查苗补缺

播种以后要及时检查，发现漏播、露子时要立即补种、盖子。因烂子、烂芽而不能出苗的，要立即催芽补种。棉花显行后，如出现大量的缺苗断垄，可重播或贴芽播种，催芽长 1.5 厘米，挖坑贴芽，每坑 2～3 粒，2～3 天就可出苗。缺苗较少的，则可采用就地取苗，进行芽苗移栽。芽苗移栽的技术要领是"天要好，穴要小，水要少，苗要小"。如缺苗很少或间苗后又缺苗的，可用带土移栽的办法补苗，起苗时尽量不动土，少伤根。定苗后再缺苗的，则有全苗时留壮苗，没有全苗时留双苗，离得远的留三棵苗。对无法补缺的可通过巧留叶枝来补救，肥水好的棉田留 2～3 条，一般棉田留 1～2 条。薄地不留，阴地不留。

（二）间苗定苗

棉花的播种量一般是留苗株数的好几倍。所以棉苗出齐后，必须及时进行间苗定苗，不然棉苗拥挤成堆，互相遮光、争肥水，就会出现线苗或弱苗，造成早苗不早发，全苗不壮苗的后果。另外，由于抗虫棉是由常规棉导入 Bt 基因后选育而成的,有的则是在转入 Bt 基因后又经过杂交选育出来的。其抗虫性能有的还不稳定,有的本身还存在一定的分离现象,会分离出普通棉株,分离出的普通棉株与 Bt 棉株相比,表现为子叶肥大,叶色浅,叶片大且平展。这些杂株也需要在定苗间苗时仔细观察并拔除。间苗可分两次进行,第一次在齐苗后,留壮苗,拔弱苗、病苗,去杂株。做到叶不搭叶。第二次在 1～2 片真叶时进行。

定苗时间一般在 2～3 片真叶时进行,苗期气温不稳定或病虫害比较严重的地区,也可推迟到 3～4 片真叶时定苗。此时棉株茎秆基部已木质化,抵抗不良环境因素的能力已较强,不易再发生死苗现象。为了保证密度,应事先按计划密度算好株距,带尺用手定苗,但株距要灵活掌握,可在远近不过寸的范围内,留壮苗去弱苗,提高棉苗的整体发育素质。

(三) 中耕松土

棉花苗期中耕松土可促使棉苗根系深扎和充分发育,地上茎叶健壮生长,是实现壮苗早发的重要措施。

在北方棉区,苗期中耕松土可以促使土壤疏松通气,提高地温,加速肥料分解,减少水分散失,促进根系生长,控制病虫危害,防除杂草。苗期一般要进行三次中耕,第一次在子叶期,第二次结合定苗中耕,第三次在现蕾前进行。中耕深度要掌握先浅后深,株旁浅,行间深的原则。中耕深度可由第一次中耕的 3～4 厘米过渡到第三次中耕的 7～8 厘米。

在南方棉区,由于春季多雨,土壤湿度大,杂草生长快,表土易板结,通气性差,地温低,肥料分解慢,所以应在清沟排积水的同时进行松土除草。棉花显行时抓紧浅锄以提高地温,待长出真叶后适当深锄,破除暗板结,降低土表湿度,提高地温,防苗病发生。对套作的棉田,前茬收获后要及早进行中耕灭茬松土,帮助棉苗尽快适应新环境,对促进壮苗早发具有明显作用。

(四)早施轻施苗肥

棉花苗期由于地温低,土壤中的肥料分解慢,不能及时供应棉苗养分,一般要适当追肥。追肥应从苗情出发,早施、轻施以利于培养壮苗。高水肥地块或基肥充足的可不施。一般或较密的棉田,苗肥追施可结合定苗中耕进行,施肥量占总追肥量的 $10\%\sim15\%$。即每公顷追施碳酸氢铵 $105\sim150$ 千克或尿素 $45\sim60$ 千克,肥量不宜过大,否则会导致前期旺长,中期容易形成高、大、空棵。对棉田中的小苗、弱苗,可给偏饭吃,适当多追,促使小苗、弱苗赶上大苗、壮苗,以保证全田棉苗生长发育一致。

(五)抗旱保墒,排涝防渍

棉花苗期对水分反应敏感,水多水少都不行,因此,要做好观察,使棉田水分既能满足棉花的需求,而又不因水分过多产生负面影响。

在北方棉区,主要是做好抗旱保墒工作,兼顾排水防渍。底墒水足的棉田,苗期不浇水或推迟浇水,但要做好中耕保墒工作。对因浇水不足或因风大失墒而明显缺水的棉田,可小水轻浇或结合追肥轻浇,以采用隔行沟灌的办法为好。浇水后要及时中耕松土保墒,改善通气状况,以提高地温,减轻因浇水而降低地温对棉苗生长发育的影响。棉麦套作棉田此时正是小麦灌浆成熟的时期,小麦需水量大,缺水时要及时浇水,同时满足小麦和棉花生长发育的需要。

南方棉区则常常表现为春季雨量偏多,地下水位较高,应做好棉花田间排水工作,以达到降低土壤湿度,提高地温,减少病害发生,促根生长的目的。

（六）防治病虫害

棉花苗期病害主要有立枯病、红腐病、炭疽病、疫病和褐斑病等。虫害主要有地老虎、棉蚜、蓟马、蜗牛、红蜘蛛等。应及时防治，具体防治方法见第六章。

第三节　抗虫棉蕾期的管理

蕾期就是从棉株现蕾到开花这一段时间，通常历经 30 天左右，从时间上说，一般在 6 月上中旬到 7 月上旬之间。

一、蕾期的生育特点有哪些？

棉株现蕾后，就标志着棉花进入营养生长和生殖生长的并进时期。既要长根、茎、叶、枝，又要现蕾和不断生长果枝。但此期仍是以长根发棵为中心，仍以营养生长占优势。

在蕾期，棉株根系生长非常快，达到生长高峰期，吸收肥水能力也明显增强。与苗期相比，蕾期是棉株体积增长较大的时期。在我国的主要产棉地区，这时每天的平均气温一般都超过 20℃，光照充足，已能满足棉花正常生长的需要。但若遇连阴雨天气，种植密度大的棉田行距小，往往容易引起旺长，导致过早封行。在这个阶段肥水对棉花生长的影响最大。如果氮肥过多，棉株就会生长过旺，营养物质大量消耗在茎秆枝叶上，造成株高、叶大、枝多、节长，行间郁蔽，通风透光不好，因而光合作用减弱，花蕾得不到充足的营养，导致中下部蕾铃大量脱落，蕾铃脱落后，又造成棉株更进一步的疯长，形成恶性循环。结果保不住早蕾，坐不住早桃，就形成通常所说的"高、大、空"。如果蕾期肥水不足，则会导致棉株长势过弱，果枝、果节和叶片数都少，影响光合产物的生成和积累，致使蕾少蕾小,搭不好丰产架子,而且后期也容易早衰。因此,这一时期土壤肥水是否适宜,是决定棉株能不能正常生长发育的关键。由于抗虫棉的遗传特性,决定了抗虫棉株在蕾期的长势一般都偏弱,主要原因是抗虫棉的果枝生长和现蕾时间一般都要早于常规棉的同一类型棉花,而且发生量较大,较多的营养物质消耗在生殖生长上,而叶面积增长幅度相对减小,从而影响了整个光合产物的生成和积累,往往造成蕾小易衰。所以,蕾期管理的重点是通过科学管理,调节好棉株营养生长和生殖生长的关系,使两者协调生长。做到壮而不疯,稳而不衰,既搭好了丰产架子,又稳增花蕾,在壮苗早发的基础上,实现稳长、快长、发好棵。

抗虫棉蕾期符合高产要求的棉株长相是:株型紧凑,茎秆粗壮,节密,果枝向四周平伸,节间分布匀称,蕾多,蕾大。如果茎粗节稀,株型松散,果枝向上长,着生角度小,果枝细而果枝节间长,叶片肥大,蕾小蕾少,这种类型的苗则属于旺苗。如果棉株株型矮小,秆细株瘦,叶小蕾少,则属于弱苗。

二、蕾期管理的具体措施有哪些?

抗虫棉蕾期管理的任务,就是通过一系列措施,克服生长势弱的先天不足,促进快长,尽量增大叶面积,多现蕾;对中高产棉田则要围绕稳长这一要求,实现壮株稳发,搭好丰产架子,达到节密、蕾多、早开花的目的。

(一)中耕培土

从现蕾到封行前抓紧时间进行中耕培土,能起到抗旱保墒、消灭杂草、促使根系下扎、控制生长速度的作用,是实现抗虫棉稳长增蕾的重要措施。中耕要根据苗情、天气、土壤状况等灵活掌握。现蕾后到封行前,中耕次数不少于 3～4 次,做到

"雨后锄,浇后锄,有草锄"。保持土壤疏松、细碎、无杂草。长势正常的棉田,中耕深度在 3.3 厘米左右,对有疯长势头的棉田要进行深中耕,切断部分侧根,以控制棉株的长势。为了防止深中耕时对棉根损伤过重,可以采用倒边深中耕的办法,即先在棉行一边深中耕,如果隔几天棉株仍有旺长现象,再在棉行的另一边深中耕。深中耕时应离棉株 10 厘米左右,深度可达 10~14 厘米。对长势较弱的棉田,要多浅中耕,促进生长。

蕾期应结合中耕进行培土。蕾期培土可在棉田第一次整枝后进行,并可结合追肥。培土可以提高地温,促进根系发育,防止倒伏,有利于棉田沟灌和排水。培土要分次进行,高度最好要达到 15 厘米左右。蕾期雨水过多的地区,还可以结合清沟沥墒,彻底排除明涝暗渍。开沟培土要在棉花封行之前结束,不然易损伤棉株造成减产。

（二）稳施蕾肥

棉株现蕾后,对养分的需求量比苗期有较大增加。吸收氮肥数量占整个生育期总需肥量的 11%~20%,棉株较小,产量偏低的棉田吸收比例更大。蕾期施肥,应以促为主,既要满足棉株发展,搭起丰产架子的需要,又要防止施肥过多导致棉株营养生长过旺,形成徒长。因此,蕾肥施用必须以稳施巧施为原则,适量施用氮肥,增施磷钾肥和有机肥,以协调营养生长和生殖生长,实现稳长增蕾早开花。

稳施蕾肥应看天、看地、看苗情。即根据棉株的长势长相、土壤及天气状况来灵活确定。由于抗虫棉株体较小,更要适当增加氮肥的施用量,可将全生育期施氮肥总量的 40%在蕾期追施。对于基肥、苗肥充足,土壤肥沃,长势旺盛的棉田,要迟施少施,反之则应早施多施。当棉株有 3~4 盘果枝时,结合深中耕,进行施肥,施肥量大致以每公顷用饼肥 225~375 千克

（或肥效相当的其他有机肥），过磷酸钙 150～225 千克，钾肥 150 千克左右，碳酸氢铵 150～225 千克，混合后开沟深施。这样，有机肥与无机肥混施，速效肥与缓效肥混施，氮磷钾肥混施，既满足了蕾期对肥料的需求，又能使其肥效直到开花时仍能发挥作用。这叫做蕾肥花用，群众称之为"当家肥"。一般来说，施过"当家肥"的棉田，后期不会发生早衰现象。

（三）适量浇水

棉花现蕾后，气温逐渐升高，生长加快，对土壤水分的需求也较苗期增多。北方棉区此时正是干旱少雨季节，雨量都偏少，适时适量浇水，及时满足棉花对水的需求，有助于实现增蕾稳长。为缓和"三夏"农活集中和夏种用水紧张的矛盾，常把蕾期浇水提早到麦收前，对高产棉田则应推迟浇头一水，这样做对棉株稳长，增强棉株的抗旱能力十分有利。蕾期浇水量宜小不宜大，最好采用隔行沟灌，切忌大水漫灌。浇后应及时中耕保墒。浇过第一水后，由于棉株上层根系增多，不论高产棉田还是一般棉田，都不能再缺水，以免使根系吸水不足，影响地上部的生长。

（四）及时整枝

及时整枝能控制营养生长，调节棉株体内的养分分配，减少养分的无效消耗，有利于果枝和蕾、花、铃的发育。还可以改善田间通风透光条件，提高光合生产率，保蕾保铃。

1. 去叶枝

去叶枝要早，当能在棉株上明显区分出果枝和叶枝时，应尽早把第一果枝以下的叶枝及部分主茎叶去掉，有徒长趋势的棉株，可考虑把果枝以下的主茎叶全部除去，俗称"捋（脱）裤腿"，以控制徒长。正常生长的棉株，果枝以下的主茎叶要保留 2～3 片，这些叶片所制造的养分，可以供给棉株生长的需要。去叶枝要适时,过早不易区分叶枝和果枝,过晚不仅消耗了养分,而且营养枝长大枝条木质化后再打易扯伤主茎外皮。因虫害等原因,早期顶芽受伤,分枝多的棉株,要早选一、二个叶枝留下,以代替主茎现蕾结铃。

2. 抹赘芽

在棉株主茎及果枝的叶腋里,常会长出一些芽,既消耗养分,又影响通风透光,这些芽称为赘芽。对于赘芽要随出随抹,防止长大。

3. 去早蕾

抗虫棉蕾期株型相对较矮小,现蕾早,常因生殖生长过早而使营养生长受到抑制,搭不好丰产架子。去早蕾就是在棉株现蕾前期,人工去除基部 2～3 个果枝上的 4～8 个早蕾,达到改善棉花蕾铃时空分布的目的。可增加单株结铃数,增加伏桃和早秋桃,减少烂桃和霜后花,提高产量,改善品质。据中国农科院棉花研究所研究表明,转 Bt 基因杂交棉中棉所 29 去早蕾可增产 10.6％。

（五）化学调控

目前在棉花上应用较多的化学调控剂是缩节胺。棉花喷施浓度适量的缩节胺后,主茎和果枝节间变短,叶片肥厚略变小,叶色深绿,蕾较大,蕾色深绿,株型紧凑,可显著地改善棉田通风透光条件,抑制徒长,减少蕾铃脱落,提高产量。一般情况下,由于抗虫棉株型较矮,前期生长缓慢,可以不进行化控。但对于杂交抗虫棉,由于它的杂种优势较强,仍要进行适量化控,以调整株型,防止徒长。对高水肥地如发现盛蕾期棉田有徒长趋势后,一般可在 6 月中下旬每公顷用缩节胺 22.5 克对水 375～450 升均匀喷洒,以防出现徒长,影响产量。

（六）病虫害防治

棉花的蕾期除棉铃虫外，还有蚜虫、玉米螟、盲蝽象、红蜘蛛、美洲斑潜蝇和金刚钻以及棉花黄（枯）萎病等病虫害发生。其具体防治方法详见第六章。

第四节　抗虫棉花铃期的管理

棉花从开花到开始吐絮这一时期叫开花结铃期，简称花铃期。时间一般是在 7 月上旬至 8 月底、9 月初之间。

一、花铃期的生育特点是什么？

在花铃期，棉株由蕾期的营养生长与生殖生长并进，逐渐过渡到以生殖生长为主，边长茎、枝、叶，边现蕾、开花、结铃，是棉花全生育期中生长最旺盛的时期，也是决定产量和品质的关键时期。

按照棉花的生育特性，花铃期又可分为初花期和盛花结铃期。初花期是指棉花开始开花，到第四、五果枝第一果节开花为止，约 15 天。这段时间，营养生长和生殖生长并进，是棉花全生育期中生长最快的时期。初花期后便进入盛花结铃期，棉株的营养生长逐渐减慢，生殖生长开始占优势。营养物质的分配以供应蕾铃发育为主，以后营养生长逐渐停止，转向以增铃为主，叶面积达到最大值。整个花铃期，根系生长逐渐减慢，而它的吸水吸肥能力却进入最旺盛时期。

棉花初花期营养生长旺盛，此时又正值高温多雨季节，在盛花结铃前 10 天左右是高产棉花生长最旺盛的时期。如果初花期肥水过多，特别是氮肥过多，往往引起疯长，使有机养料过多地分配给茎、枝、叶，提早封垄，导致田间通风透光不良，使先结出的中下部蕾铃大量脱落。若肥水不足则又会使棉株营养生长受到抑制。在盛花结铃期，肥水过多，会导致后期贪青晚熟；而肥水不足，会导致光合产物减少，棉花出现早衰，影响保伏桃，争秋桃，造成产量下降。所以，花铃期充足合理的肥水供应，对维持叶片正常的生理功能，满足棉铃生长的营养需求，保证产量和品质具有非常重要的作用。

一般等行距种植棉田，以大暑封行为好，如果小暑封行则为徒长，到立秋还未封行则是早衰晚发的征兆。宽窄行种植棉田，则以小暑封小行，大暑封大行较合适。生长上要求边开花，边结桃，边封行。南方棉区的棉花封行时间可略迟。花铃期不仅是棉花全生育期中生长最旺盛的时期，也是营养生长和生殖生长最容易发生矛盾的时期。如果管理不当，不是徒长就是早衰，徒长则造成大量蕾铃脱落，早衰也影响结铃，都会影响产量。

花铃期高产棉株的长相要求是：株型紧凑，茎秆下部粗壮，向上渐细，节间较短，果枝健壮平展，叶片大小适中，叶色正常，花蕾肥大脱落少。如果株型高大，松散，茎秆上下一般粗，节间稀，果枝斜着向上长，叶片肥大，而花蕾相对瘦小，脱落多，属旺长苗。相反，如果棉株矮小瘦弱，果枝短细，叶片小而发黄，花蕾少而不壮，则属于弱苗。

二、花铃期的田间管理措施有哪些？

根据花铃期的生育特点，田间管理的原则是：初花到盛花期要适当控制营养生长，盛花期后要促进生殖生长。管理要求是促进植株生长健壮，充分延长结铃期，尽量提高成铃率和单铃重，控制贪青晚熟，实现早熟不早衰。

（一）合理施肥

花铃期是棉花全生育期中需肥最多的时期。试验研究表明：从开花到吐絮，棉株吸收的氮素占全生育期吸收总量的60％以上，吸收的磷素和钾素占全生育期吸收总量的70％以上。因此，花铃期必须有充足的肥料供应，才能争取棉株多结桃，结大桃，不早衰。抗虫棉由于基肥和蕾肥施用量较大，并要求苗期、蕾期追施，所以在花铃肥施用上要区别对待。对基肥和前期追肥充足，生长稳健的地块可不施或于初花期轻施，以防止生长过旺，造成田间郁蔽。对于基肥和追肥不足，或土壤贫瘠造成长势偏弱的棉田，与常规棉花一样，仍要重施花铃肥。一般每公顷施碳铵225～300千克。施肥时注意离根要远，施得要深，追肥要在7月底结束。因为追肥过晚不仅效果差还会造成棉株贪青晚熟。另外，根据 Bt 棉株结铃性强，花铃期较长的特性，还可采取简便易行的根外追肥的办法，在花铃期每隔7～10天，用尿素和磷酸二氢钾配成2％的水溶液或直接用高效叶面肥，如爱多收、叶面宝、禾欣液肥和垦易有机肥等稀释后进行叶面追肥，可结合浇地连喷3～4次，对预防早衰，提高产量和纤维品质有明显的效果。

（二）灌溉与排水

花铃期棉株生长发育旺盛，同时适逢高温季节，对水分充足与否反应敏感，是棉花全生育期中需水量最多的时期。这段时间的需水量占全生育期总需水量的一半以上。如水分失调，棉株生理代谢过程受阻，会导致大量蕾铃脱落，并引起早衰。浇不浇水要根据棉田实际情况灵活掌握。如果发现植株生长缓慢，中午顶部叶片萎蔫，即为缺水，应立即浇水。棉田肥力差，棉株长势弱的要适当早浇。棉田肥力足，长势旺的要适当迟浇。同时还要注意天气预报，避免浇后遇雨，土壤水分过多而棉株疯长。花铃期一般采用沟灌的方式进行浇水。但在我国北方棉区,花铃期正值雨季,阴雨天气较多,土壤一般不会缺水,棉株不致受旱。如果雨量较大,要注意及时排水,以免雨后田间积水,影响根系的呼吸和吸收养分,导致蕾铃脱落。南方棉区,花铃期正是伏旱季节,应及时浇水,以水调肥,促进肥料分解和根系吸收。每次浇水后要适时中耕保墒。

（三）中耕培土

棉田由于浇水或下雨,以及整枝和治虫等田间作业,常使土壤板结,造成通气性差,易引起根系早衰,影响生长和结铃。所以在花铃期尚未封行以前要进行中耕,同时结合培土,以利于以后灌水排水和防止倒伏。另外,由于该时期棉根的生理机能逐渐下降,应进行浅中耕,以免大量伤根,削弱根系的吸收能力。

（四）合理整枝

整枝包括打顶尖、打边心、摘无效花蕾和打老叶。

1. 打顶尖

打顶尖是花铃期整枝的最重要措施。适时打顶,去除棉花顶端优势,调节棉株体内有机养分的运输方向,使养分运向蕾铃,增加铃重。打顶尖还可以有效地控制棉株的高度,改善棉田通风透光条件,有利于增产增收。打顶必须掌握准时机,打顶尖偏晚,棉株上部果枝就会出现空枝,消耗养料,降低后期铃重,失去了打顶尖的意义。而打顶过早又不能充分利用生长季节,使上部果枝拉得过长,影响中下部通风透光和妨碍田间后期管理。因此,打顶时间因各地条件不同而不同。要根据棉花长势、地力、品种、气候条件和管理水平的不同而区别对待。一般瘠薄地,密度大,长势弱,无霜期短的地区,宜早打顶。否则可稍推迟。在棉株正常生长情况下,从现蕾到吐絮共需70～

80天;后期因气温逐渐降低,所需天数也逐渐延长。一般在当地早霜前80～90天出现的花蕾才能发育成有效铃。北方棉区一般在7月中下旬为打顶适期。南方棉区在7月下旬为打顶适期。打顶时可打去一顶一叶,避免大把揪。生长不整齐的田块,应分次打顶,先高后低。

2. 打边心

打边心也叫打旁心或打群尖。其目的是控制棉株的横向生长,改善田间通风透光条件,使养分集中供应蕾铃,增加坐桃,减少烂铃和病虫害。打边心也要从棉田实际情况出发,因地制宜。在土壤肥力较高,棉花生长旺盛,果枝间相互交错严重,田间郁蔽的情况下,打边心效果显著。而稳长型和长势一般的棉田,打边心的效果就一般。肥力不足,长势较弱的棉田,因果枝伸长无力,也可不打群尖。高产棉田,为了控制棉花封垄时间,调节棉铃的结铃部位和结铃时间,必须进行打边心才能保证棉花早熟、优质和丰产。打边心时,每个果枝留果节的多少,要根据具体情况而定。中等密度棉田,上部每果枝留1～2个果节,下部每果枝留3～4个果节为宜。

3. 摘除无效花蕾

棉花在8月10～20日以后出现的幼蕾,多数在9月10～20日开花,一般年份霜后不能吐絮。因此,要在8月中旬以后摘除无效花蕾,以免白白消耗养分。另外,主茎和叶果枝的叶腋长出的赘芽,也要随见随去,减少养分消耗。

4. 打老叶

打老叶的目的主要是减轻田间荫蔽,增加通透性,促进早熟,减少烂铃。棉田发生荫蔽时,如果下部果枝已坐住老桃,即可由下向上分期打去主茎老叶,果枝上的叶片切记不能打掉。通风透光良好的棉田,可以不打老叶。

5. 化学调控

为了控制棉花株型,防止疯长,可在初花期前后喷施缩节胺 1 次。根据棉株长相,每公顷喷施 45～90 克,对水 600～750 升均匀喷洒具有较好的效果。有旺长趋势的用量可大一点,反之则用量小一点。

6. 防治病虫害

花铃期是棉花病虫害的盛发期,除棉铃虫、红铃虫外,还有红蜘蛛、伏蚜、斜纹夜蛾、棉盲蝽象、美洲斑潜蝇等多种害虫。病害主要有红叶茎枯病和黄(枯)萎病等。具体防治措施见第六章。

第五节 抗虫棉吐絮期的管理

吐絮期是指棉花从开始吐絮至枯霜来临生育结束的这一段时间。通常在 8 月下旬、9 月初开始吐絮,可持续 70～80 天。

一、吐絮期的生育特点是什么?

棉花吐絮期,营养生长已经停止,棉株基本定型,主要是棉铃发育、充实,直至成熟的阶段。这时,棉花的根、茎、叶等营养器官的功能已经衰退,叶色由下向上陆续变黄,根系吸收能力渐趋减弱,直至停止。有效开花期先后结束,直至停止。棉株体内绝大部分营养成分供应给棉铃的发育。吐絮期的棉花要求有充足的日照,较高的温度和较低的湿度,以加速棉株体内营养物质的运转和积累,增加铃重,并使铃壳干燥加快,有利于棉铃的开裂、吐絮。北方棉区此时雨季已过,温度适宜,阳光充足,对棉铃的发育成熟和吐絮极为有利。

棉花进入吐絮期后,虽然为维持后期生长发育所吸收的水肥数量减少,但供给适量的肥料,对保持叶片光合功能,防止叶片过早衰老,保证正常吐絮具有重要作用。但水肥过多,往往又会使棉株贪青晚熟,反而不利于棉铃正常成熟。因此,棉花吐絮期的管理要求是:一般棉田要防止早衰,丰产棉田要防止贪青晚熟。

二、吐絮期的栽培要点有哪些?

吐絮期的栽培管理技术要求主要是促进早熟,防止早衰。

(一)灌水与排水

棉花吐絮期虽然需水量较小,但保持适宜的水分是提高产量和质量的重要措施。通常这一时期棉田所含水量能够满足棉花需要。但在秋季干旱年份若土壤水分含量不足,会影响产量,可及时浇水,浇水方法以小水沟灌为宜。

(二)根外追肥

棉花吐絮后,根系的吸收功能下降,叶片的光合作用功能减弱,棉株趋于衰退。为了补充一定的养分,防止早衰,可进行根外追肥,以延长叶片的功能期。可用尿素配成1%的水溶液或直接购买高效叶肥如爱多收、禾欣液肥以及垦易有机肥等使用。每隔7~10天1次,连喷2~3次,可提高产量,改善棉花品质。

(三)整枝和推株并垄

棉花吐絮后,对肥水充足、枝叶繁茂的棉田,可将主茎下部老叶剪去,以改善棉田通风透光条件,防止荫蔽,促使棉铃提早成熟吐絮,并可减少烂铃。对贪青晚熟、荫蔽严重或因连阴雨、湿度较大的棉田,可采用推株并垄的措施。即趁土壤湿润时,将相邻两行视为一组,每组的两行推并在一起呈八字形,5～7天后,再以同样的方法,将相邻两组的相邻两行推并成八字形。这样,每行棉花的两侧及行间地面都可受到较充足的阳光照射,起到通风透光、增温降湿的作用,可促进棉铃成熟吐絮,减少烂铃损失。

（四）化学催熟

Bt 棉发育晚,尤其是两熟棉田往往出现晚熟的情况,造成霜前花比例小,对棉花品质产生影响,也影响棉田的秋耕和下茬作物的播种。对此,可采用化学催熟的办法,一般用乙烯利进行催熟。可在枯霜期前15～20天喷洒,选好晴天每公顷可用 40%乙烯利原液 1.5～2.25 千克,对水 750～1 125 升,均匀喷洒到棉株上,催熟效果良好。

（五）适时采收

棉花吐絮成熟后,及时采收棉花是保证获得高产、优质皮棉的重要环节。每次收花时间间隔 7～10 天,选晴天露水干后进行为好。对 Bt 棉来说,采收时要做到"四分"、"四净"、"两不收"。"四分"即不同品种分收,霜前花与霜后花分收,好花与僵瓣花分收,正常成熟花与剥出的青桃花分收。"四净"即将棉棵上的花收净,铃壳内的瓢摘净,落在地上的拾净,棉絮上的叶屑杂质去净。"两不收"即没有完全成熟的花不要急着收,棉絮上有露水时暂时不要收。

第六节　抗虫棉的产量构成及影响因素

一、什么是棉花的产量构成？

棉花的产量一般以皮棉数量表示,我们种植棉花的目的就是为了要获得高产优质的皮棉。皮棉产量是由单位土地面积上的总铃数、平均单铃重和衣分三个基本因素所构成。而每公顷的总铃数是由公顷株数乘以平均单株结铃数得来的。因此,棉花公顷产量实际上是由公顷株数、单株成铃数、平均单铃重和衣分四个因素构成的。用下面的公式就能计算出每公顷的皮棉产量。

$$皮棉产量(千克/公顷)=\frac{公顷株数\times单株成铃数\times平均单铃重(克)\times衣分}{1\,000}$$

二、影响产量构成的因素有哪些?

公顷株数乘以单株成铃数等于每公顷棉花的总铃数,而每公顷的总铃数就是构成棉花产量的主要因素,在保证棉田棉花株数的情况下,争取"三桃"(即伏桃、伏前桃和秋桃)齐结,才有稳产、高产的保证。在正常年景下,每公顷产量达到1 500千克皮棉的棉田,在衣分40%,单铃重4.5克的情况下,每公顷总铃数要达到90万个以上。每公顷总铃数是构成棉花产量的主要部分,但也是变动最大的部分。高产棉田每公顷总铃数可达120万~135万个,而低产棉田只有30万~45万个。一般情况下,按单铃重4克,衣分36%~40%计,每公顷产750千克皮棉需成铃60万个左右,每公顷产1 125千克皮棉相应的成铃数82.5万个左右,每公顷产1 500千克皮棉相应的成铃数97.5万~105万个。所以说,每公顷总铃数对棉花产量起着主导作用。

棉铃按其开花结铃时间的早晚,可分为伏前桃、伏桃和秋桃三种。伏前桃为早期铃,在三桃比例中只占10%左右,成熟早,铃重轻,但它是棉株早发稳长的标志。多结伏前桃,能增加棉花有效开花结铃期,调节棉株体内营养物质的分配,促使输向蕾花铃的养料增多,在一定程度上稳住了棉株的生长,有利于减少蕾铃脱落,为多结伏桃创造条件。伏桃是结铃盛期内所结的桃,占的比例也最大,可达 40%～70%,因伏桃坐桃时温度高,光照强,水分足,制造的有机养料多,所以桃大而重,品质好,衣分高,是构成产量的关键。秋桃一般占总桃数的 20%～30%,大部分着生在棉株上部和果枝外围的果节上,发育时气温变低,棉株长势逐渐变慢,桃小并且品质下降。但由于早秋光照强,昼夜温差大,处于棉株上部的秋桃通风透光好,也可以形成一定的产量,在生产上可充分利用有效生育期,争取多结早秋桃。

铃重是用单铃内籽棉的重量来表示。即由棉铃内种子的重量和棉纤维的重量组成。抗虫棉的铃重常在 4.5～5.5 克,相当于常规棉的中铃。铃重的大小常因品种、成铃时期不同而不同。一般情况下,越靠近棉株内围的棉铃越重,越靠近棉株外围的棉铃越轻。靠近中部的棉铃重,吐絮晚的棉铃轻。

衣分也是构成皮棉产量的一个重要因素。籽棉轧花后得到的棉纤维(皮棉)占籽棉重量的百分比叫衣分。衣分的高低,与棉籽表面着生的纤维数,纤维的长短、粗细以及棉籽的重量有关,它主要受品种遗传因素的影响,所以相对来说,衣分比较稳定。

在构成棉花产量结构的三要素中,变化最大的是总铃数,而铃重又直接依赖于总铃数的构成。所以在栽培上一般要求是争结总铃,主攻铃重,稳定衣分。

第五章　Bt抗虫棉的育苗移栽和
地膜覆盖栽培技术

第一节　育苗移栽技术

　　棉花育苗移栽是我国解放后开始研究推广并不断改进而发展起来的一项栽培技术,它可以显著地提高棉花产量和品质,增产率可达10%～30%。对抗虫棉来说,也是增产增收的一项重要措施。

一、育苗移栽有什么好处?

　　(一)育苗移栽提早和延长了棉花的有效开花结铃期

　　棉花的生长习性属无限生长型,具有很高的增产潜力。但由于受气候条件的影响,尤其受温度条件的影响,使其生长发育和增产潜力受到一定限制。比如,播种期气温偏低,则不能过早播种,出苗后气温偏低,导致生长缓慢,当气温已到现蕾的要求,却又因棉苗小而不能正常现蕾,这些都直接影响了棉花的正常生长发育。对抗虫棉来说,由于其本身前期生长发育就迟缓,则影响更大。育苗移栽一般可比直播棉田提早播种15天左右,可以充分利用苗床内适宜的肥、水和温度条件,加速棉株的生长发育,促使棉株早发、早现蕾、早开花、早结铃。不仅提早和延长了有效结铃期,多结伏前桃和伏桃,还增加了霜前花的数量,因而可以达到优质高产的目的。

（二）育苗移栽能够保证种植密度，培育壮苗

棉花直播常常因为干旱多风造成土壤水分不足或因气温低而不稳、雨水过多以及盐碱棉田的盐碱危害等原因，造成缺苗断垄，而棉田补苗不仅要花费大量劳动力，还往往形成大小苗，影响棉花产量。采用育苗移栽，由于苗床面积小，管理精细，条件适宜，出苗快而整齐。移栽时棉苗已较大，对不良环境条件的抵抗力也强，容易保证种植密度，移栽时还可以按照棉苗的大小、壮弱，分别栽植，达到苗全、苗匀、苗壮，有利于充分发挥棉株个体和群体的生产潜力。

（三）育苗移栽有利于解决粮棉复种的矛盾，争取粮棉双丰收

两熟棉区，棉花套种的夏熟作物区行间荫蔽严重，共生期长，影响棉花全苗和早发，造成产量低、品质差。采用棉花育苗，实行麦垄移栽，就可以提早播种，培育壮苗，增加棉花生育期，缩短棉麦共生期，达到全苗、早发、增产、早熟之目的，从而解决粮棉争地、争光照的矛盾，实现粮棉双丰收。

（四）育苗移栽可以节约用种

目前推广的转 Bt 基因抗虫棉种子价格昂贵，1 千克棉种达 40 多元钱，采用育苗移栽技术，每个营养钵只需用精选种子 1～2 粒，每公顷仅用种 15～22.5 千克，可大量节约用种，减少开支。

（五）育苗移栽有利于减轻病虫危害

在病虫害发生严重的棉区，可以利用无病土育苗，以减轻苗期病菌的侵染，推迟发病时间。同时在移栽时淘汰病苗，降低田间发病株数，一些苗期害虫也可在移栽前随时防治，减轻危害。

二、营养钵育苗移栽的技术要点有哪些？

棉花育苗常采用营养钵育苗和营养土方格育苗两种方式。这两种方式大同小异。这里主要介绍一下营养钵育苗的技术要点。

营养钵是用堆肥、厩肥、化肥和表土充分混合做成的杯状土坨。由于其营养丰富，所育的棉苗健壮，移栽时不散钵，断根少，缓苗快，成活率高，是生产上应用最多的方法。

（一）建立苗床

为了便于管理和移栽，要选择背风向阳、土质肥沃、排灌方便、地势平坦、无枯（黄）萎病的地方做苗床。如果是大面积移栽，应就地建苗床，苗床北面要设挡风障，苗床与棉田的比例为 0.5～1：10，苗床宽 1.2 米左右，床深 8～15 厘米，长度依移栽面积而定。床边和床底砸实、铲平，深浅要一致。

（二）打钵与排钵

抗虫棉育苗要用大钵，育大壮苗。要求营养钵的直径7～8 厘米，高 10 厘米，可培育 5 片真叶苗。制钵土要用肥土，盐碱地棉田的营养钵土要选用无盐碱的好土，把细碎的熟土和厩肥都过筛按 8：2 或 7：3 的比例混合成床土后再按每1 000千克床土加入硫铵 1 千克、磷肥 2 千克、氯化钾 1 千克和呋喃丹 0.5 千克的比例混合均匀后进行制钵。

打钵一般用打钵器，应打成质地疏松的营养钵，给棉苗一个良好的生长环境。要调节钵土的含水量，以手握可以成团，从齐胸高处落地便自行散开为合适。打钵时用力要均匀，一次成型，以防松散断裂。打钵时要随打随排，排钵时要高低一致，排列紧密，钵与钵之间用细土填满，苗床四周用土围好以减少水分散发。

（三）播　种

播种时间依移栽棉田种类不同而不同。麦套春棉的营养钵育苗播种时间常在3月底4月初,麦套夏棉则常在4月底5月初。播种前往营养钵上洒水2～3次,使钵体浇透水后选晴天播种。种子播前须精选,最好进行硫酸脱绒包衣,或选购包衣种子,既节约用种,又能保障苗早苗齐无病害。每钵放种子2粒,轻压后用黄墒土或细粪土覆盖2厘米,覆土厚度要均匀一致,并填满钵间空隙。播种后搭起拱形棚架,覆盖塑料薄膜,棚的高度相当于苗床宽度的1/3。盖好薄膜后四周要用泥压实或埋入土内,棚顶用绳子搂好,以防被风吹开降低棚温。

（四）苗床管理

苗床管理的中心任务是控制好苗床的温湿度。播种后出苗前,为提高床温,应密封苗床不通风,以保温保湿,高温催苗。但注意床温不要超过35℃～40℃。齐苗后床温可保持在25℃～30℃之间。为防止温度过高而产生高脚苗,可揭开2～3个小口通风,以后逐渐扩大通风口进行棉苗的抗风寒锻炼。采用白天通风晚上盖的方法,保温保湿促发苗。待棉苗2片真叶后,苗床的通风口可日夜开放,以培育大壮苗。

齐苗后,当棉苗长到1片真叶时,在无风的晴天进行间苗,每钵选留1棵壮苗,并结合间苗清除床内杂草。间苗后可向苗床喷洒500倍多菌灵悬浮液,以防治苗期褐斑病和炭疽病。为了培育矮壮苗,缩短移栽缓苗时间,可在移栽前15～20天选择晴天进行搬钵,即将苗钵重新排放,按大小苗分类摆放。由于搬钵时棉苗蜘蛛根（即覆根）被拉断,可刺激侧根发育,控制茎叶生长,起到了蹲苗的作用。搬钵后应在钵面和钵间加填细土,还可视苗情及时喷施叶面肥进行补水补肥,并在搬钵后2～3天内夜间覆膜增温,促苗长根。移栽前7～10天可揭膜炼苗,准备移栽。但遇霜冻、阴雨等天气时则要盖上棚膜,以防棉苗冻伤。

三、移栽和移栽后的管理技术要点有哪些?

(一)移 栽

温度是影响棉苗发根和缓苗的主要因素,所以移栽的时间可根据气温和茬口确定。一般气温稳定在 15℃以上,地温稳定在 17℃以上,晚霜过去后即可进行。而且在移栽前要注意天气预报,争取移栽后要有 3～5 天的晴朗天气,这对棉苗的扎根和缓苗有较大的帮助。而移栽后遇大风降温天气则对缓苗极为不利。北方棉区,以 4 月下旬到 5 月初为移栽适期。南方麦行套栽,以麦收前 15 天为移栽适期。由于棉苗从苗床移到大田的过程中,生长环境发生了变化,而且根系受伤后恢复生长需要有一个缓苗过程。缓苗期的长短与移栽期及苗龄的大小有密切关系,苗龄小缓苗虽快但生长慢,苗龄大时真叶过多,伤根也多,不利于缓苗。一般移栽时的苗龄以 2～4 叶为宜。这个时期的棉苗抗逆性强,发根力强,易于成活,缓苗期较短,缓苗后生长快。

精细移栽是提高成活率,缩短缓苗期的重要措施。起苗前,苗床要浇透移苗水,以防苗床土壤干燥,影响移栽。移栽前要先挖好穴,一般穴深 17 厘米左右,使营养钵埋入地表下 1.6 厘米左右,以克服移栽棉花根系浅,抗风抗寒性差的缺点。苗栽好后要立即浇活棵水,使营养钵与土壤紧密结合,促使新根生长,快缓苗。浇水量的大小要根据墒情、移栽时间、天气状况等灵活掌握。气温低时浇水量要小,以免引起地温猛降。气温高时浇水量可适当大一些。

(二)栽后管理

根据移栽棉花的生育特点,在栽培管理上要围绕着缩短缓苗期、促进壮苗早发和防止早衰上做文章。主要管理措施有以下几个方面:

1. 中耕松土促苗早发

移栽后要及时进行中耕松土,破除土壤板结层,提高地温,促进新根生长,迅速恢复棉苗整体生理代谢机能,缩短缓苗期,对促苗早发有显著的作用。中耕时要尽量避免摇动钵体。一般在移栽后20天内进行。中耕松土要在离钵土3～4厘米以外的行间进行,以防伤根。移栽棉花进入盛蕾期后,要进行深中耕,促使棉根向深度和广度发展,以吸收更多的养分和水分,使棉株健壮稳长,后劲足,并可防止早衰和倒伏。另外由于棉苗在移栽时主根被切断,侧根分布比直播棉花要浅,不耐旱,容易倒伏,因此要结合中耕做好培土工作。

2. 适量增浇返墒水

北方棉区由于移栽时常干旱多风,水分蒸发量大,常造成棉田上层土壤干燥,抑制了棉苗侧根生长,地上部生长缓慢,因此要增浇返墒水。浇水时要采取隔沟轻浇的方法,切忌大水漫灌。这样既能满足棉苗对水分的需求,又不会浇水过多而降低地温。

3. 早施苗肥

移栽棉花在大田的营养生长期短,开花结铃期长,既要防止前期脱肥,又要防止后期早衰,所以在施足底肥的基础上要早施苗肥,促进根系和棉苗快长快发,早现蕾早发棵。花铃期是棉株需肥最多的时期,也是防止脱肥早衰的关键时期,要根据苗情及早追肥。天旱时可结合浇水追肥。但要注意后期肥水不宜过多,以免造成棉花贪青晚熟,降低产量和品质。

此外由于棉花育苗移栽季节很紧张,为了达到全苗早发,要及早查苗补缺,移栽棉苗发育早,棉株下部坐桃多,要适时整好枝,改善棉田通风透光条件,防止烂铃。

第二节　地膜覆盖栽培技术

棉花地膜覆盖栽培是用聚乙烯塑料薄膜作为覆盖物的一种保护性栽培技术,是棉花栽培技术上的一项重大改革和发展。经过近几年的试验示范和大面积推广证明,抗虫棉进行地膜覆盖栽培,不论是一熟棉田还是两熟棉田,不论是北方棉区还是南方棉区,都具有明显的早熟、优质、增产、增收的效果。调查结果表明:地膜覆盖棉比直播露地棉增产30%～60%,霜前收花率高15%～20%,单铃重增加0.3～0.4克,衣分提高1%～2%。

抗虫棉地膜覆盖栽培后,产量构成的变化主要是增加早桃和单株结铃数,提高了单铃重和纤维品质,从而使整个棉田群体生产力得到提高。同时,由于棉株的发育期提前,衣分及霜前花率显著提高,最终表现为早熟优质高产。

一、地膜覆盖能改善棉田的哪些生态环境条件?

抗虫棉的生态环境,主要指棉株所处环境的温度、养分、水分等因素。采用地膜覆盖后,棉株的生态环境较露地直播大为改善。

(一)提高地温

地膜本身并不能产生热能,但棉田盖膜后,太阳辐射的热能可以通过塑料薄膜而被膜下的土壤吸收,由于薄膜具有良好的不透气性能,阻碍近地气层的热交换,减少了热能的损失。另外地膜还能隔绝土壤与空气的直接传热,抑制土壤水分蒸发,减少水分蒸发时的热量消耗,起到了增温保温的作用。观察结果表明,播种出苗期至苗期(4月上旬至6月初)地膜覆盖的5厘米地温比露地高2℃~5℃,蕾期(6月份)高1℃~4℃,初花结铃期(7月份)高0.2℃~0.6℃。

(二)保墒提墒

棉田盖膜后,由于地膜隔断了土壤中的水分以气体形态直接向大气中散发,使土壤水分只能从气态到液态,从膜内到土壤在膜内循环,从而起到了保墒作用。而且盖膜后,由于土壤表面温度上升,水分散发快,促进土壤水分上升,从而拉动土壤深层水分向上移动,散失的水分遇地膜后又变成水珠落到地表,起到了提墒的作用。可使土壤耕作层具有适宜的水分条件,有利于棉籽萌发和出苗。据观察,4月中旬到5月下旬盖地膜棉田0~10厘米土层含水量比露地高3%左右。因此棉田覆盖地膜可使土壤水分相对稳定,天晴可保墒,天旱可提墒,天气多变时可稳墒,为棉花根系的正常生长发育创造良好的环境条件。

(三)改善土壤理化性状

棉田覆盖地膜后,可避免或减缓由于遭受雨水冲击或人为践踏等引起的土壤沉积、板结和变硬等不良后果。不中耕而仍能保持疏松,还能减轻土壤的水蚀和风蚀,减轻地表水流动所造成的土壤和肥料的流失。露地栽培,特别是土壤结构不良时,每一次降雨都可能引起土壤板结,杂草丛生,盖膜后可节省中耕的劳动。另外盖膜后由于土温增高,土壤中的水分含量比较适宜,土壤疏松多孔,改善了土壤中的空气状况,促进土壤中微生物的活动,加速对土壤有机肥料的分解,使棉根可吸收的养分增多,提高了肥料的利用率。据测定,地膜覆盖后的棉田和露地棉田相比,0～10厘米土层的速效氮含量要高 3.46～5.37 毫克/100 克土。

地膜覆盖除了上述好处以外,还能抑制棉田盐分增多;促进膜下微生物的分解活动;增加土壤空气中的二氧化碳含量。这些都有利于棉株生长。

二、抗虫棉盖膜后生长发育有哪些特点?

抗虫棉在采用地膜覆盖后的生长发育特点可概括为:

(一)生育期提早,生长发育进程加快

由于地膜覆盖具有增温、保墒和促肥作用,减弱了播种期各种不利条件如干旱多风、阴雨低温等的影响。因而可早出苗,出齐苗,加速了棉花的生育进程。表现为"四早",即出叶早、现蕾早、开花早、吐絮早。地膜覆盖抗虫棉比同期播种的露地棉早出苗 3～5 天,早现蕾 5～9 天,早开花 10 天左右,早吐絮 10～15 天。

(二)根系发育好,叶面积增长快

棉田地膜覆盖后,土壤温度高,水分适宜,通透性好,为根系的充分生长发育创造了良好的生态环境。因此根系发育好、活力强,主根深长粗壮,侧根数量多,上密下疏。耕作层中根系增加,下层根系少,有利于吸收大量养分,对地上部生长十分有利。盖膜棉田由于根系发达,地上营养器官的生长也很旺盛,棉株叶片分化和生长速度也明显比露地棉快。据专家测定,6月底地膜棉主茎叶面积为 1 102 平方厘米,平均每片叶为 73.5 平方厘米,而露地直播棉田则分别为 410 平方厘米和 39.1 平方厘米。叶多叶大,叶片制造的有机物就多,棉苗得到的养分就充足,棉苗就长得快长得壮,这也是地膜棉早发的原因。

（三）三桃比例改变，产量品质提高

地膜覆盖栽培，由于前期壮苗早发，棉株开花期提早，延长了有效开花结铃期，同时也改变了三桃的比例。主要表现为伏前桃和伏桃显著增多，早秋桃的比例增加。三桃的结构也发生了变化，伏前桃在露地栽培条件下仅有第一、二果枝的脚桃和小桃，而地膜棉田则增加了部分中部果枝的大桃；伏桃除中部腰桃外，还增加部分中上部的棉桃。秋桃中则大部分为早秋桃。另外地膜棉田由于根系发达，叶面积大，有利于干物质的积累，单株成铃数和单铃重也明显增加。所以地膜覆盖栽培具有促进早熟、增加产量、提高品质的作用。

三、地膜棉田如何做好播前准备？

地膜覆盖棉田播前准备工作主要包括精细整地、施足底肥和浇好底墒水。

（一）整　地

地膜覆盖的棉株发育早，生长快，结桃多，产量高，需要的肥水量也相应增加。如果肥水不足，地力瘠薄，棉株容易早衰，增产效果差。所以要选择耕作层较厚，肥力较高的地块进行覆膜，瘠薄棉田一般不宜采用。

搞好地膜覆盖的关键在于保证薄膜覆盖的质量，而覆盖的质量又和整地质量的好坏直接相关。只有精细整地才能保证高质量的覆膜。对整地的要求是，地面平整细碎，地表干净无坷垃、杂草等，土壤上虚下实，底墒足，表墒好。地膜棉的根系分布较浅，为促根下扎，要适当加深耕作深度，耕深要在20厘米以上。

（二）施足底肥

为了充分发挥地膜的保墒增温作用，地膜覆盖后至揭膜前一般不破膜施肥。因此要求苗肥、蕾肥一次作底肥施足。一般每公顷施土杂肥 30～45 吨,饼肥 600～750 千克,碳酸氢铵 525～600 千克,磷肥 450～750 千克。有条件的还可多施有机肥。

(三) 浇好底墒水

地膜覆盖虽有提墒保墒的作用,但必须是在土壤有墒的情况下才能实现。北方棉区冬春雨雪少,干旱,多风天气多,土壤墒情较差,仅靠地膜的提墒不能满足棉花出苗和苗期生长的需求。因此,播前一般要浇好底墒水,以利于一播全苗和壮苗早发。浇底墒水的时间,以冬灌和早春灌为好,也可在播前 20 天一次浇足,达到底墒饱,表墒好的要求。试验证明,覆膜条件下浇底墒水比不浇底墒水的抗旱能力延长 1 个月左右,在生长期间则可推迟浇水,使棉株早发稳长。

四、地膜覆盖的方式有哪几种?

(一) 根据地膜在棉田的覆盖位置区分

1. 行间覆盖

播种时,薄膜顺行覆盖在棉行中间,可分为隔行行间覆盖和单行行间覆盖。等行距播种的棉田,薄膜覆盖在播种行上,一幅塑料膜盖两行种子沟,出苗后将薄膜移覆在行间,使棉田隔一个行间盖一个行间,为隔行行间覆膜(图 5-1)。如果每一行种子沟上盖一层薄膜,即为单行行间覆膜(图 5-2)。

行间覆膜的主要特点是棉株根区地温相对比较低,容易渗水,棉苗生长稳健,比较耐旱,并且播前不起垄,利于保墒,出苗时不需打孔放苗,揭膜方便。但需两次覆膜,用工多,薄膜容易破裂,多雨地区会使苗区土壤水分过多,棉苗容易感染病害。盐碱地不能施用地膜覆盖,以防盐分在棉苗根区积累,导致盐渍死苗。

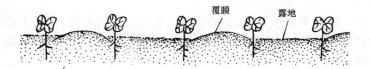

图 5-1　隔行行间覆膜

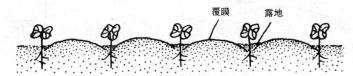

图 5-2　单行行间覆膜

2. 根区覆盖

薄膜顺行覆盖在播种行上,可单行根区覆盖,每幅薄膜覆盖一行棉花,覆盖度低,此法宜在水地采用(图 5-3)。双行根区覆盖多数用于宽窄行棉田,用一幅薄膜覆盖两行棉花,覆盖度大,增温保墒效果好,可在水源不足的地区使用。

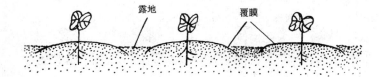

图 5-3　平作单行根区覆盖

(二)根据地膜棉的种植方式区分

1. 平　作

等行距或宽窄行,薄膜平铺地面,不起垄,操作方便,增温保墒防风效果好,膜下水分分布均匀,有利于出苗。

2. 垄 作

播前要整地起垄,在垄上栽种单行或双行棉花,根区土温高,有利于壮苗早发,不易渍水。但起垄较费工,并且容易跑墒,见图5-4。

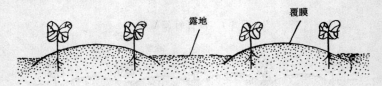

图 5-4 垄作双行根区覆盖

3. 平覆沟种

播种时,开6～7厘米深、16厘米宽的播种沟,大小深浅要一致,先播种后覆膜,出苗5～7天后用剪刀把棉苗上的薄膜剪成长口,把薄膜紧贴在沟两边,用土压住,使沟底略低于地面1.5厘米左右。采用这个方法,有利于抗旱播种保全苗,防止大风揭膜,还能防止高温烫死幼苗和防止冻害。此方法适用于北方干旱棉区,见图5-5。

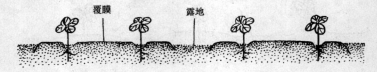

图 5-5 平覆沟种

4. 畦 作

每畦4～6行棉花,有一畦沟,易于操作,保温保墒效果好。膜面不容易积水,排灌方便,南方两熟棉区用的较多。

5. 沟覆沟种

沟底宽 90 厘米,垄宽 60～70 厘米,垄高 25～30 厘米,沟底播两行棉花,播后覆膜,可以降低种子层的含盐量,有利于播前浇水压碱,适用于盐碱地棉田。

五、地膜棉田间管理的技术要点有哪些?

(一)苗期田间管理的技术要点

地膜棉苗期管理的主要内容有破膜放苗、间苗、补苗及保膜防草等。

1. 破膜放苗

先播种后盖膜的棉田,从见苗到全苗一般只有 2～3 天,在出苗 80% 以上,并且晚霜已过时,就可以破膜放苗。如果晚霜已过而出苗仍不多,可适当推迟放苗时间。放苗过早,因跑墒降温,对未出土的棉苗有影响,使其出苗时间延长,容易形成大小苗。放苗过晚,如果遇上高温天气,就有可能出现薄膜"烧苗"现象。出苗时要分次放苗,原则上是放绿不放黄,即棉苗在出土后 2～3 天,平展变绿时将苗放出。放苗要在无风晴天的早上和下午进行,中午放苗容易造成萎蔫,阴天全天都可以放苗,如果遇上高温天气,对刚顶土的棉苗可以先破口,破口处再压点土,不使嫩芽露出土面,让它自己顶土出苗。对已出土的棉苗要抢在高温之前或当天上午破膜放苗,如来不及放苗时,当天中午在膜上喷水 2～3 次以降低膜内温度,防止烧苗。放苗时用刀在苗顶划"十"字口,每穴放出 2～3 棵苗即可。破口大小为 4～5 厘米,过大时容易跑墒进水而降温,也不易埋口。棉苗放出后要随时埋土封口,以免洞口进风鼓膜,造成地膜破裂。

2. 间苗定苗

地膜棉从一叶期到三叶期只有 7～8 天时间，而且出苗后因根病等造成的死苗较少，所以可以适当早间苗、定苗。在放苗时每穴放出 2～3 株苗的基础上，当第一片真叶展平，第二片真叶刚露头时即可定苗。同时可将间苗定苗结合在一起进行，这样虽然苗小，但地温高，墒情足，营养好，生长快，有利于培育壮苗。

3. 查苗补苗

地膜棉一般出苗率高，缺苗少，但也会因某种原因而出现缺苗，需要及时查补。一般采用在棉花行间（垄背上）种上定量的预备苗，经覆盖，苗龄和大田棉株一样，移栽后缓苗时间短，可防止出现大小苗现象。

4. 保膜防草

放苗后要加强田间检查，发现地膜有松动处要压土踩实，膜面有破口要及时用土盖严，防止大风掀膜和破口进风鼓膜。一般情况下，只要保膜工作做得好，膜下空气不流通，到 5 月份天气变暖后，膜下高温即可使杂草全部闷烫而死，所以及时堵口防风，还可防治草害。

5. 中耕破板结

由于覆膜、破膜、放苗、埋土封口及间苗定苗补苗等田间作业，往往造成土壤板结，所以必须进行中耕松土。中耕松土可减少水分蒸发和未盖膜地的杂草。另外，由于地膜棉苗期地温高于气温，棉苗根系发达，如果遇上高温和降雨，棉苗的生长速度会迅速加快，容易由健壮生长变为旺长，也要及时中耕进行控制。需要注意的是中耕时离棉苗不能太近，以免断根太多或损伤薄膜。

（二）蕾期的管理技术要点

1. 揭膜培土

地膜覆盖棉田可分为全生育期覆盖和半生育期覆盖。一般特早熟棉区不揭膜，全生育期覆盖，可提高土壤积温，弥补空气积温的不足，促进棉花生长发育。北方旱地覆盖棉田，为了减少水分蒸发，较长时间保存水分以促进棉花生长发育，也可进行全生育期覆盖。在北方水浇地棉田和南方棉区，一般进入 6 月中旬以后，气温已能满足棉花对温度的要求，可在 6 月下旬棉花进入盛蕾期，地温、气温都较高时进行揭膜。揭膜后及时进行中耕除草，破除板结，并结合起垄培土，加高棉株根部的覆土，有利于抗旱、防涝、防倒伏、防早衰、减轻后期烂铃。

2. 及时浇水

由于地膜棉较露地直播棉发育早，群体大，根系分布浅，因此需水早，需水量大，对干旱十分敏感，如果此时缺水，将影响棉株各部分的正常生长发育，搭不好丰产架子，难以获得高产。一般浇水时间在 6 月中旬，旱情较重的地块可提前到 6 月上旬开始浇水。6 月底如有旱情发生仍要小水快浇。

（三）花铃期管理技术要点

1. 重施花铃肥

由于地膜的增温、保墒效应，地膜棉前期生长良好，叶大蕾肥，结铃早而集中。因此地膜棉在花铃期比露地棉需肥早而且需肥量大。据科研部门试验，地膜棉初花期到盛花期单株吸收氮素的数量占全生育期的 55％左右，比露地棉多 20％。如果这一阶段的肥水跟不上，棉花的生长就要受到影响，常造成棉株早衰。如果缺肥较重，补施肥料又偏晚，就会出现"二次生长现象"。因此花铃肥必须于初花期施用，一般在 7 月上中旬每公顷追施尿素 150～225 千克，底施磷肥不足的可追施磷酸二铵 225～300 千克。施肥浇水后,为控制地上部疯长,要用缩节胺喷洒。这样,地下部满足肥水供应,使根系在生长旺盛时期得以充分生长,增加了活力,有了后劲,为在开花结铃盛期仍能保持较高的吸收能力打好基础,多结铃,防早衰。地上部利用缩节胺的控长作用,改善通风透光条件,叶片光合效率提高,营养生长和生殖生长协调并进,塑造合理株型结构,改善成铃部位,减少烂铃,增加产量,提高质量。为了防止植株早衰,提高铃重,后期要进行叶面补肥,可从 8 月份开始每隔 7～10 天,向叶面喷洒 500 倍的磷酸二氢钾溶液或 100 倍的磷酸二铵溶液,每公顷 1 次喷 1 050 千克,连喷 2～3 次。

2. 抗旱防涝

地膜棉根系分布较浅,抗旱及耐涝能力都不如露地棉。而花铃期正是棉花大量需水的时期,必须满足水分供应,特别是伏后,棉株已大量成铃,如此时缺水,势必造成大量蕾铃脱落,发生早衰,严重影响产量。因此这个时候要经常做好观察,发现棉株缺水时要立即浇水。多雨年份除要及时排清田间积水外,还要在盛花期前后喷洒 1 次缩节胺,每公顷用 45～75 克,对控制赘芽滋生,简化整枝工序,增加伏桃和早秋桃,提高铃重具有重要作用。

3. 整枝打顶

地膜抗虫棉较露地棉前期长势旺,特别是现蕾后,根、茎、叶生长量大。但进入盛花结铃期后,营养生长变慢,生殖生长加快,蕾铃生长量猛增,再加上缩节胺的控制,进入花铃期后,棉株果枝伸长慢,横向长势弱,赘芽发生量少,一般不易发生徒长。所以,生长正常的地膜棉此时整枝量很小,或不用修整,主要的整枝内容就是适时打顶。打顶可以控制营养生长,增强棉铃的养分供应,防止早衰,增加铃重。一般地膜棉打顶时间比露地棉晚 5～10 天，7 月 25 日左右为打顶适期。长势旺群体偏大时可适当早打，并可结合打群尖；群体不大，棉株中下部成铃又较多时可推迟到 7 月底打顶。

（四）吐絮期管理的技术要点

1. 合理整枝

地膜棉成铃早而集中，并且容易早衰，可做好打老叶、去除空果枝、抹赘芽、去除无效花蕾和推株并垄工作，改善棉田通风透光条件，以减少烂铃，延缓早衰的发生。

2. 化学催熟

后期贪青晚熟的棉田可用乙烯利进行催熟，每公顷用 40％乙烯利水剂 1.5～2.25 千克对水 750～1 125 升喷洒，效果很好。

第六章　Bt 抗虫棉田主要
病虫害及其防治

随着 Bt 抗虫棉棉田棉铃虫防治时间的推迟和用药次数的减少,棉蚜、红蜘蛛、美洲斑潜蝇和棉蓟马等将上升为主要害虫。其病害仍以苗期的立枯病、炭疽病,生长中后期的黄萎病、枯萎病为主。有些对钾肥敏感的抗虫棉品种,在土壤缺钾的棉区,棉花红叶茎枯病也会上升为主要病害。

一、抗虫棉田有哪些主要害虫? 怎样防治?

(一) 棉　蚜

棉蚜在棉田的为害分苗蚜和伏蚜两个阶段。从出苗到现蕾之前发生的棉蚜叫苗蚜。苗蚜生长发育需要的温度偏低,当气温超过 27℃时,苗蚜的繁殖受到抑制,虫口密度迅速下降。7 月中下旬到 8 月份发生的棉蚜叫伏蚜。伏蚜生长发育的适宜温度偏高,在 27℃~28℃的气温条件下,可大量繁殖,当平均气温高于 30℃时,虫口密度才可以迅速下降。伏蚜的繁殖速度比苗蚜要快得多,苗蚜 10 多天繁殖一代,伏蚜只要 4~5 天就能繁殖一代。但是,大雨对棉蚜的发生有明显的抑制作用。因此,多雨的天气不利于棉蚜的发生;而时晴时雨的天气有利于棉蚜的发生和为害。

防治指标

苗蚜的防治指标是,三叶期以前卷叶株率 20%,三叶期以后卷叶株率 30%~40%。伏蚜的防治指标是,平均单株上部、中部、下部三叶蚜量 150~200 头。

防治方法

(1)呋喃丹拌种或种衣剂包衣。用305呋喃丹颗粒剂与棉籽按1:3的比例拌种,拌匀后堆闷12～24小时,或随拌随播。或用棉花种衣剂包衣,均能有效地推迟苗蚜的发生时间和减轻棉蚜的危害。

(2)用40%氧化乐果、久效磷等内吸杀虫剂涂茎。配药比例为1份药加7～10份水,用细棍包上棉絮头,把药液涂抹在棉苗的茎部红绿相间处。

(3)用80%敌敌畏熏杀伏蚜。每公顷用80%敌敌畏1 125毫升加水37.5升拌麦糠或锯末112.5千克,傍晚顺垄撒施在棉花行间,可有效地熏杀伏蚜。无风的闷热天气施用效果更好。

(4)喷雾防治。苗蚜每公顷用10%大功臣或吡虫啉150克,伏蚜每公顷用10%大功臣或吡虫啉225克,对水450～750升喷雾防治。

(二)棉红蜘蛛

从棉花苗期开始发生为害,在棉花生长中期可有几次发生高峰。一般情况下(在20℃～28℃的气温条件下),温度越高发育繁殖速度越快。干旱少雨的天气有利于棉红蜘蛛的发生为害,小雨天气有利于红蜘蛛的扩散,大雨对红蜘蛛的发生有抑制作用。受红蜘蛛危害的棉叶开始时出现红褐色斑块,随着危害加重,棉叶卷曲,最后脱落。

防治方法

(1)结合积肥铲除田边地头杂草,减少虫源。

(2)在棉红蜘蛛发生早期进行点片防治,防止扩散为害。在发生高峰之前进行全田喷药。适宜的防治药剂有哒螨啉、克螨灵或螨虫清等阿维霉素系列杀虫剂,稀释 1 000～2 000 倍液喷雾防治。也可用 40％氧化乐果或 50％久效磷等药剂,稀释 1 000～2 000 倍液喷雾防治。用乐果和久效磷还能兼治棉蚜和棉蓟马等害虫。

（三）盲　蝽

从棉花苗期开始为害,到棉花现蕾和开花时进入为害盛期。在 6～8 月份降雨偏多的年份,有利于棉田盲蝽的发生为害。棉花生长茂盛,蕾花较多的棉田发生较重。

防治指标

苗期每 100 株有虫 1 头或棉苗生长点被害株率达 1％；蕾期每 100 株有虫 11～25 头时即应进行防治。

防治方法

(1)清除田边地头杂草,减少虫源。

(2)合理施肥,防止棉花生长过旺,减轻盲蝽为害。

(3)化学防治:每公顷用 25％的敌百虫粉或 2％的乐果粉 30 千克喷施；或用 90％的晶体敌百虫稀释 1 000 倍液喷雾防治。

（四）蓟　马

棉蓟马喜欢干旱少雨的环境条件,一般在春季温暖干旱的条件下发生较重。5～6 月份是棉蓟马的发生为害盛期。防治方法与棉蚜和红蜘蛛相同。

（五）美洲斑潜蝇

美洲斑潜蝇是近两年新传入我国的一种检疫性害虫。1997 年首次在棉田发现为害,在北方棉田 6 月份开始发生,7 月中旬进入为害盛期。被害叶片上有许多白色蛇行潜道,发生较重的年份,单叶有潜道 5～10 条,多则 20～30 条。被害叶的叶肉被取食一空,致使叶片的光合作用能力下降,影响了棉花的生长发育,给棉花生产带来了严重危害。

防治方法

(1)用30%百兴乳油稀释1 000～2 000倍液喷雾。

(2)用15%阿乐乳油1 000～2 000倍液喷雾。

(3)用有机磷类内吸杀虫剂,如40%氧化乐果或久效磷1 000～2 000倍液喷雾防治均可。

二、抗虫棉苗期有哪些病害?

棉花苗期病害是影响棉花苗全苗壮的主要障碍。危害棉苗根部的病害主要有立枯病、炭疽病、红腐病,危害叶片的主要病害有角斑病、茎枯病和叶枯病。但对棉苗的生长发育影响较重的主要是立枯病和炭疽病。棉花苗病常在棉芽未出土之前就能感病,引起烂种、烂芽和根部腐烂等,轻者影响棉苗生长发育,重者造成大量死苗,造成严重的缺苗断垄,甚至毁种。

(一)立枯病

立枯病是我国棉花苗期的主要病害之一,以山东西北部,河北南部以及江苏、四川、湖北等地发生较重。其危害程度与当年的地温和土壤湿度关系密切,当棉花播种后遇阴冷多雨天气往往发病严重,造成大量死苗现象。

出土棉苗感病后,最初在靠近地面的茎基部出现淡褐色水渍状病斑。以后病斑扩大环绕幼茎变为黑褐色。病斑失水凹陷成蜂腰状,严重时病苗枯死倒伏。立枯病主要危害幼苗地面以下的基部嫩茎,当田间温度较高时,在子叶上出现不规则形的棕褐色病斑,后期破裂穿孔,周边有褐色残边。

棉苗立枯病属真菌性病害,病菌为半知菌类,丝核菌属。病菌能在土壤中过腐生生活,并进行繁殖,一般能在土中存活2～3年,当遇到适宜的寄主时,便侵入为害。棉苗感病后,若拔出病苗观察,发病部位往往有蛛网状细丝,即病菌的菌丝体,其中连接着许多微小的土粒。立枯病菌发育的最适宜温度范围为 17℃~28℃,耐酸碱性强,在 pH 值 2.4~9.2 的环境中均可生长,因此分布很广。立枯病菌除危害棉花外,还可侵害萝卜、茄子、甜菜、马铃薯以及豆类等作物。

（二）棉苗炭疽病

棉苗炭疽病是棉花苗期的重要病害之一。棉苗感染炭疽病以后,幼苗茎部接近地面处,初生红色纵条裂痕。感病组织硬化凹陷后形成红褐色梭形病菌的分生孢子团,后期病部变黑腐烂,棉苗萎蔫死亡。一般情况下,死苗现象轻于立枯病,有时子叶边缘出现半圆形褐色病斑,病斑边缘颜色略深,呈紫红色。后期病斑枯死破裂,使子叶边缘破碎不全,病斑扩大时导致落叶。气候条件适宜时,成株期茎叶和棉铃也可受害。成株期叶片感染部位呈棕色斑点。茎病变部位初为红色纵斑,后颜色变黑,有时出现粉红色病菌孢子,病枝易被风吹断。棉铃发病时,往往在铃尖上产生许多小型的凹陷紫红色斑点,渐扩大合并为不规则斑痕,天气潮湿时,病斑中央产生红褐色粘液,中间有病菌孢子。感病棉铃内部棉絮变色,粘结溃烂,往往不能开裂吐絮。

炭疽病是一种真菌性病害。病菌的无性世代属半知菌类,黑盘孢目,毛盘孢属。分生孢子为一端稍椭圆形无色单孢。多数聚集时呈肉红色。炭疽病菌分生孢子发育的温度比立枯病菌高。最适温度为 25℃~30℃,11℃ 以下、37℃ 以上均不能发育,致死温度为 51℃,在 51℃ 条件下持续 10 分钟即可死亡。但对潜伏在棉籽内部的菌丝体,即使在55℃~60℃温水中浸泡 30 分钟,也不能全部致死。炭疽病以分生孢子附着在棉籽的短绒上越冬。少数以菌丝体潜伏在棉籽种皮或子叶缝中越冬。一般棉籽的带菌率在 30%~80% 之间,一部分病菌随病株残体的茎叶或烂铃在土壤中越冬。因此,炭疽病的初侵染菌源来自于种子或土壤中的越冬菌源。病苗的病斑上形成的大量分生孢子,可借助风、雨及昆虫的传播,进行再侵染。

(三)棉苗红腐病

棉苗红腐病在棉苗出土前就能感病受害,感病幼芽变棕褐色腐烂死亡。幼苗期发病,引起幼根和嫩茎变粗,产生棕褐色条状病斑,或全根变褐腐烂。子叶发病,多在边缘部分发生易破碎的黄褐色圆形或不规则病斑。潮湿时病斑表面常出现粉红色霉层,即病菌的分生孢子。真叶感病后症状与子叶相似,而幼嫩的顶部真叶被害后往往腐烂呈黑褐色。棉红腐病菌属半知菌类,丛梗孢目,镰刀菌属。大分生孢子呈镰刀状弯曲。棉红腐病菌是腐生性很强的兼性寄生菌,能在土壤里营腐生生活,降雨多时,由雨水的冲溅,传到棉株下部的棉铃上,从虫害伤口或其他病斑处侵入,棉铃发病后,产生大量分生孢子,连续再侵染,使病害迅速蔓延。病铃所产生的种子外部短绒上粘有菌丝和孢子,而且病菌能够侵入幼根和子叶,产生病苗,发生危害。

红腐病菌在 3℃~37℃ 的温度条件下都能生长活动,侵染发病适温为 25℃~26℃,种子带菌和土壤中的病菌均能侵染种子和幼芽。一般情况下,感染红腐病的棉苗死亡率低,但在低温多雨条件下,棉苗发育不良,根部腐烂迅速,死苗率较高。

三、怎样防治苗期病害?

(一)苗病的发生规律

棉花苗病的发生与气候及耕作栽培条件关系密切。棉花播种后,遇多雨、降温天气或地势低洼、排水不良、土壤潮湿板结的地块,苗病害易发生;种子质量低、带菌率高、整地质量差、播种过深等原因造成幼苗出土困难,生长发育缓慢,致使棉苗抗病能力降低时,有利于病菌的侵入和发育。如播期过早的棉田,因地温较低,出苗慢,易受病菌的侵染,而导致缺苗断垄。

（二）防治方法

棉苗病害的防治应采取以农业措施为主,化学防治为辅的综合防治措施,以提高棉苗的抗病力。促使棉苗全苗早发。

1. 提前浇水,适墒播种

2. 精选留种

在棉花采收时选留子粒饱满无菌的中部腰花留种,并单收、单晒、单轧、单藏,这样选留的种子成熟度好,带菌率低,质量高。

3. 种子处理

因种子内外及土壤均可带菌传病,所以播前要用温汤浸种和药剂拌种相结合的方法处理种子。处理后的种子一般能提早出苗 2～4 天。同时能减轻苗病的发生程度。

(1)温汤浸种:用种子量 2～3 倍的热水,水温在 65℃～70℃时下种搅拌,使种子均匀受热,然后把水温调到 55℃～60℃,保持 30 分钟后把棉籽捞出晾至绒毛发白。

(2)药剂拌种:用种子重量 0.8%～1% 的托布津、多菌灵、菲醌或拌棉醇等杀菌剂拌种。立枯病重的地块,可用种子重量 0.3%～0.4% 的五氯硝基苯拌种,均可提高防病保苗效果。

4. 加强苗期管理

及时查苗补苗,雨后及时中耕。试验证明,雨后及时中耕,可使地表5厘米地温提高2℃～3℃,幼苗发病率减轻20%以上。

四、抗虫棉成株期有哪些病害?怎样防治?

(一)红叶茎枯病及其防治

棉花红叶茎枯病是一种生理性病害,其主要发病原因是在棉株生长旺盛时期,一般在7月底至9月初田间水肥供应不足,尤其是土壤缺钾而引起发病。缺钾越重发病越早。因为棉花本身是一种喜钾作物,而抗虫丰产的转 Bt 基因抗虫棉则更喜欢钾肥,所以对钾肥的需求量比一般的常规棉品种更高。一旦供应不足,便会导致红叶茎枯病的发生。

红叶茎枯病发生初期,叶片出现红色或紫色斑点,以后逐渐扩展,除叶脉及其附近保持绿色外,其他部分均变成紫红或红褐色,最后全叶变红。并且边缘向下卷曲,严重时,叶柄基部变软,失水干缩。叶片从上向下干枯脱落,甚至全株枯死。后期发病,茎秆和枯叶基部常发生褐色或黑褐色的条状不规则病斑。同时在叶片上出现很多圆形或不规则形褐色病斑,导致主根短,侧根稀少,根系不发达,影响植株的生长发育。但病株的维管束不变色。

防治方法

(1)精耕细作,改良土壤,增强土壤的保水保肥能力。

(2)重施基肥,巧施追肥,合理搭配氮、磷、钾肥。

(3)科学管理。根据棉花不同生育期的需肥水规律,合理追肥浇水,多雨季节注意排水防涝。

（二）棉花枯萎病和黄萎病

棉花枯萎病和黄萎病都是为害棉花茎秆,造成棉花全株发病的重要病害。两种病菌都是侵染为害茎秆内的维管束组织,影响养分和水分向上输送,导致植株枯死。棉株一旦感染枯萎病或黄萎病,便长年受害,轻者减产,重者绝收,而且十分难治,有棉花的"癌症"之称。

1. 枯萎病和黄萎病的共同特点

（1）两种病原菌的生活习性相似。棉花枯萎病菌和黄萎病菌均为土壤习居菌,都能在土壤中过腐生生活,病菌的营养体和繁殖体都有多种形态,即菌丝、分生孢子、厚垣孢子和拟菌核等,在没有寄主的情况下能存活 8～10 年。

（2）病菌的传播途径相同。两种病的初侵染源都是由种子带菌作远距离传播,然后通过病残体和土壤带菌作近距离传播。

（3）侵染途径相同。都是直接从根部或根毛侵入寄主,或由根部表皮的伤口侵入,然后以菌丝在维管束内从下向上繁殖、扩展、蔓延,进行系统侵染,使维管束堵塞、变色,阻碍水分和养分的运输,导致叶片萎蔫,植株枯死。

但是两种病的病原菌不同,发病时间的早晚不同以及发病后的表现也不完全相同。

2. 枯萎病

枯萎病也叫金边黄、半边黄、萎蔫病等。发病时间较早,一般土温在 20℃左右开始发病 ,当土温上升到 25℃～28℃时形成发病高峰。当土温升到 33℃以上时,枯萎病菌停止发育,田间出现隐症期。枯萎病常在苗期至现蕾前后引起大量死苗,残存的病株结铃显著减少,铃重减轻,当 9 月份秋雨多温度下降时,病菌继续生长发育,出现第二次发病高峰,产量损失严重,一般发病田减产 5%～15%,多者减产 20%～35%,重病田可达 50%以上。病菌从棉根的表皮或伤口处侵入维管束内生长发育,破坏维管束组织,使根部吸收的水分不能向上部输送,造成叶片失水萎蔫脱落,植株枯死。剖开病株的茎秆可见到有黑褐色条纹。棉花枯萎病的病叶有黄色网纹型、青枯型、紫红型、黄化型、皱缩型和半边黄等多种症状类型,但主要表现为黄色网纹型。受害病株有时半边的枝叶已经枯黄,而另半边枝叶仍可正常生长,所以常把这种病叫做"半边黄"。青枯型病株多出现在多雨年份,幼苗子叶或真叶萎蔫下垂,开始像开水烫过一样,然后变成青枯色;皱缩型多出现在 5～6 片真叶到现蕾期,病株节间缩短,株型矮小,叶片增厚,凹凸不平,颜色变深绿,有点像棉蚜为害后的皱缩叶片。轻病株有少量的小叶片和生长点存活,重病株大量落叶枯死。也有的病株半边存活半边枯死。秋季多雨时再次出现萎蔫死亡高峰。

3. 黄萎病

黄萎病比枯萎病发生晚,一般苗期不发病,现蕾以后才表现症状,开花结铃期为发病高峰,但很少造成死株现象。病株蕾铃脱落率高,结铃少,纤维质量差,对产量和品质影响很大。发病植株多在中下部叶片出现症状,逐渐向上发展。发病初期叶片变厚发硬,无光泽,在叶边和叶脉间出现不规则的淡黄色病斑,以后出现明显的掌状形黄斑,叶片边缘向上卷曲,严重时除叶脉仍为绿色外,其他部分变成褐色枯干状,最后全叶枯死。但病叶一般不脱落。剖开病株茎秆,可见比枯萎病色浅的黄褐色条纹。

4. 防治方法

(1)选用抗病品种:选用抗、耐病品种,提高棉株自身的抗病性。

（2）抓好播种期的主动防治：棉花播种之前如能有效地把种子所带的病菌和根围土壤中的病菌控制住，把枯萎病、黄萎病控制在发生之前，就掌握了防治的主动权。所以做好棉花播种期的药剂浸拌种工作，消灭种子上的菌源，是主动防治的关键措施之一，也是防治棉花枯萎病、黄萎病的关键。试验表明，对棉花枯萎病、黄萎病控制效果较好的浸拌种药剂有安索菌毒清、菌毒清、黄腐酸盐和多菌灵等。

（3）抓好现蕾期的营养保健措施：棉花现蕾期是枯萎病和黄萎病发生发展的关键时期。但在一般年份还没有进入雨季前，气候比较干旱，症状表现不出来，往往不会引起人们的注意。一旦降雨，湿度增加，大量病株出现时，病菌已经开始大量繁殖，充满了棉株的维管束，这时再进行喷药防治，虽然能起到一定的控制作用，但效果一般不会太好。如果遇上长时间的连阴雨天气，效果更差。因此应在麦收前后，棉株出现病状之前，结合防治棉蚜、红蜘蛛，喷施垦易有机肥或黄腐酸盐、爱多收等营养剂或植物生长调节剂，增强棉株体内的营养和生理代谢功能，就能大大提高棉株本身的抗病性和抵抗力，减轻病害发生程度。

（4）抓好发病后的补救防治措施：在适宜的气候条件下造成大面积发病时，应立即采取补救防治措施，用多菌灵、克黄枯、棉康等药剂稀释400～500倍液喷雾防治；重病田可适当加大用药剂量，用200～300倍液喷雾。每次间隔7～10天，连喷2～3次，对病情能起到较好的控制作用。

（5）加强田间管理：棉田地势低洼积水，土壤湿度大，透气性差，都可以加重病情的发生。在棉田周围建好排水设施，做到雨后能及时排水，缩短田间积水时间；及时中耕晾墒，增强土壤的透气性，降低土壤湿度，也能有效地减轻病害发生程度。

五、抗虫棉花铃期有哪些病害？怎样防治？

（一）棉铃疫病

棉铃疫病是一种真菌性病害，病原菌属藻状菌纲，霜霉菌目，疫霉菌属。棉铃发病多从青铃的基部、铃缝和铃尖等部位开始。病菌侵入后先出现水渍状小点，后扩大到整个铃面，使棉铃变成黄褐色或青褐色，最后变成黑色油光状，并能深入铃壳内，使纤维变成青色。病铃表面局部出现白色或黄白色霉层，逐渐腐烂或成僵瓣，发病晚的棉铃只是铃壳和铃隔变成褐色，对产量影响较小。

棉铃疫病病菌能在土壤中长期存活，棉花结铃期，病菌的卵孢子、游动孢子随雨水溅落在棉铃上侵染，秋季病菌随烂铃和病残体落到土中以厚垣孢子或卵孢子越冬，成为翌年的侵染源。当8～9月份降雨多温度高时发病重。

（二）棉铃红腐病

棉铃红腐病也是真菌性病害，病原菌属半知菌类，丛梗孢目，镰刀菌属。红腐病菌是一种弱寄生菌，不能直接侵害棉铃，只能借助于伤口侵入发病，在自然条件下，除伤口引起发病外，棉铃炭疽病、角斑病、疫病等病斑都能诱发棉铃红腐病的发生。发病初期病斑呈黑绿色、水渍状，没有固定形状的病斑，多发生在铃尖和裂缝处，扩展后在病斑表面出现淡红色霉层。导致棉铃不能正常开裂，棉花纤维腐烂或成僵瓣，种子被侵害后降低发芽率。病菌主要潜伏在种子内部或粘附在种子表面的绒毛上及其他病残体上越冬。在低温高湿条件下侵染发病，在病铃上产生大量分生孢子借助风雨传播，进行再侵染。

（三）棉铃红粉病

棉铃红粉病菌属半知菌类，丛梗孢目，复端孢属。病铃症状和红腐病相似，但病铃表面的霉层比红腐病的厚而紧密，并布满整个铃壳，天气潮湿时菌丝长成白色绒毛状。病铃不能正常吐絮，纤维变成褐色或成僵瓣。棉铃红粉病菌主要在病残体或土壤内过腐生生活，一般只侵害棉铃。在冷凉潮湿的环境中容易发病，所以往往在棉花生长后期，气温较低的多雨年份发生较重。

（四）棉花铃病的防治

棉花铃病的发生轻重和气候、栽培条件以及其他病虫害的关系密切。棉花在结铃吐絮期，天气高温多雨，田间郁闭不通风，或病虫害发生较重，造成大量伤口时，有利于病菌的侵入传播和繁殖。此时，棉花的铃病发生就重，烂铃率就高。此外，棉铃的不同发育时期，抗病力也不同。幼铃期生长旺盛，除角斑病和疫病病菌外，其他病菌一般不易侵入；到吐絮前10～15天，铃壳逐渐衰老，伤口不易愈合，遇到多雨郁闭的环境条件，铃壳不易脱水开裂，有利于病菌的侵染发病。

对棉花铃病要积极预防、及时防治。

1. 积极预防

加强苗期病虫害防治，及时清除田间枯枝烂叶，减少病菌来源。雨季及时开沟排水，推株并垄，改善田间通风透光条件，降低田间湿度。

2. 及时防治

铃病发生始盛期及时喷药防治。一般8月上中旬开始喷药，每隔7～10天喷1次，连喷2～3次。可用50%多菌灵或50%福美双或50%代森锰锌等可湿性粉剂400～500倍液喷雾。

参考文献

1. 倪万潮,张震林,郭三堆. 转 Bt 基因抗虫棉的培育. 中国农业科学 . 1998.31.(2)8-13

2. 崔洪志,郭三堆. 我国抗虫转基因棉花研究取得重大进展. 中国农业科学 . 1996.29/(1)93

3. 张继余,郭三堆. "863"计划转基因抗虫棉 GK-12 的选育与应用. 中国农业出版社,1998

4. 张宝红,张立祯. 抗虫棉与栽培管理技术. 山东科学技术出版社,1998

5. 赵建周等. 转 Bt 基因棉花在害虫综合防治中的作用、抗性问题及其对策. 中国植物保护研究进展. 中国科学技术出版社,1996

6. 董双林等. 转 Bt 基因棉花对棉铃虫存活、生长及其危害的影响. 中国植物保护研究进展. 中国科学技术出版社,1996

7. 赵建周. 转基因抗虫棉花杀虫活性的时间和空间动态及其对棉铃虫抗性发展的影响. 植物保护 21 世纪展望. 中国科学技术出版社,1998

8. 郭香墨等. 中熟转 Bt 基因抗虫棉中棉所 31. 中国棉花. 中国农业科学院

9. 郭香墨等. 中熟转 Bt 基因抗虫棉中棉所 32. 中国棉花. 中国农业科学院

10. 邢朝柱等. 抗虫杂交棉——中棉所 29. 中国棉花. 中国农业科学院

11. 郭香墨等. 短季转基因抗虫棉——中棉所 30. 中国

棉花．中国农业科学院

12．黄双领,李根源．早熟抗虫棉 R93-6 试种表现．中国棉花．中国农业科学院

13．刘金生,郭香墨．转 Bt 基因抗虫棉的特征特性和栽培技术．中国棉花．中国农业科学院

金盾版图书,科学实用,
通俗易懂,物美价廉,欢迎选购

（修订版）	6.50 元	蓖麻高产栽培技术	2.20 元
大豆花生良种引种指导	10.00 元	蓖麻栽培及病虫害防治	7.50 元
大豆病虫害诊断与防		蓖麻向日葵胡麻施肥技	
治原色图谱	12.50 元	术	2.50 元
大豆病虫草害防治技术	5.50 元	油茶栽培及茶籽油制取	12.00 元
大豆胞囊线虫及其防治	4.50 元	棉花高产优质栽培技术	
绿豆小豆栽培技术	1.50 元	（修订版）	6.00 元
豌豆优良品种与栽培技		棉花高产优质栽培技术	
术	4.00 元	（第二次修订版）	7.50 元
蚕豆豌豆高产栽培	5.20 元	棉铃虫综合防治	4.90 元
甘薯栽培技术	4.00 元	棉花虫害防治新技术	4.00 元
甘薯栽培技术(修订版)	4.00 元	棉花病虫害诊断与防治	
花生高产种植新技术	7.00 元	原色图谱	19.50 元
花生高产栽培技术	3.50 元	图说棉花无土育苗无载	
花生病虫草鼠害综合防		体裸苗移栽关键技术	10.00 元
治新技术	9.50 元	抗虫棉栽培管理技术	4.00 元
优质油菜高产栽培与利		怎样种好 Bt 抗虫棉	4.50 元
用	3.00 元	棉花病害防治新技术	4.00 元
双低油菜新品种与栽培		棉花病虫害防治实用技	
技术	9.00 元	术	4.00 元
油菜芝麻良种引种指导	5.00 元	棉花规范化高产栽培技	
芝麻高产技术(修订版)	3.50 元	术	11.00 元
黑芝麻种植与加工利用	8.00 元	棉花良种繁育与成苗技	
花生大豆油菜芝麻施肥		术	3.00 元
技术	4.50 元	棉花良种引种指导	10.00 元
花生芝麻加工技术	4.80 元	棉花育苗移栽技术	5.00 元

以上图书由全国各地新华书店经销。凡向本社邮购图书者，另加 10％邮挂费。书价如有变动，多退少补。邮购地址：北京市丰台区晓月中路 29 号院金盾出版社邮购部，联系人：徐玉珏，邮政编码：100072，电话：(010)83210682，传真：(010)83219217。

Bt 抗虫棉——中棉所 32 号

Bt 抗虫棉——中棉所 29 号（花铃期）

Bt 抗虫棉——中棉所
29 号（成花标本）

1

Bt 抗虫棉(左)与常规棉(右)

Bt 抗虫棉(左)与鸡脚形抗虫棉(右)

播种期棉田

苗期棉田

苗期棉田管理

3

现蕾期棉田

花铃期棉田

吐絮期棉田

4